神様や仏様がいるとすれば、
きっとこのお花畑の中です。

季節の訪れは、風の音、雲の色、水の流れなどと古くから歌にもみえるが、やはりなんといっても、花に出逢ってはじめて実感が湧いてくる。

春

左上から
コブシ　ショウジョウバカマ
カタクリ　ヒトリシズカ
フタリシズカ
オキナグサ

夏

伊吹山の夏は短い。
夏のお花畑の美しさは、　たしかに夏の短いことが要因であろう。

左上から
イブキジャコウソウ
リンドウ　コイブキアザミ
ワレモコウ　ルリトラノオ
チガヤ

日ごとに移り変わる山の色は、
なぜか遠く過ぎ去ったさまざまなことを思いおこさせる。

左上から
イブキカリヤス
イブキレイジンソウ
タムラソウ

右上から
アキノキリンソウ
マユミ

秋

淡海文庫32

伊吹百草《いぶきひゃくそう》

福永円澄 著

SUNRISE

目次

春の草木

夏の草木

秋の草木

春の草木

春の神様のおとずれ

コブシ

三月の声を聞くと、やはりほっとして、どことなく心のぬくもりを覚える。空の色などもはなやいで見えるのが不思議である。もちろんまだ雪の中であったり、時にははげしい吹雪に見舞われるようなことがあっても、春が間近かにやってくるというひそかな喜びも、しだいにふくらんでゆくのである。

「山が動く」という言葉があるが、まさに山は活動をはじめる。木々の梢《こずえ》はけむったように芽ぐみはじめ、エナガやシジュウカラなどの小鳥たちが木立にたわむれはじめる。

伊吹の山里に春の訪れをまっ先に告げるのは、マンサクやダンコウバイの便りである。山あいのあちこちを染めはじめる薄黄緑色の彩り、早春の序曲はまさに淡彩画の世界であり、漱石の「草枕」を思いおこさせる。

やがてポッポッと白いつぼみをふくらませて、コブシの花が咲きはじめ

コブシ

る。浅黄の空にゆらぐ純白のコブシの花びらは、まさに春の神様のおとずれである。しかも、もうこの頃になると、木々の梢はいっせいに芽ぐみはじめるのである。白い小さな小鳥がむらがるように咲くコブシの花は、まさに早春の象徴であり、山国に住む人々の暮しの息づかいを幾多の伝説や物語からうかがうことができる。

宮沢賢治の童話「なめとこ山の熊」の中に月光を浴びて谷の花をみつめる親子熊のシーンがあるが、月あかりに眺めるコブシの花はいっそう夢幻の世界に誘い込む。

伊吹山系に多いのはコブシではなくタムシバだといわれているが、私はやはり村の人々がいわれるようにコブシで良いのだと思っている。学問的な解釈よりも、山国に住む人々の感情《こころ》を大切にしておきたいと思っている。

わが死後も辛夷《こぶし》さくべし山にたつ　笑山

甲津原《こうづはら》の先人、西川弥助翁の辞世の句である。ふるさと甲津原を、一杯の酒をこよなく愛した弥助翁は淡々としてこの世を去ったが句の中の「べし」のことばには、翁の悟りがあり未来への願いがこめられている。

大空に蓮の花のゆらぐかな　虚子

伊吹の山麓の村々には、まもなくモクレンの花も咲きはじめるだろう。ウグイスやホオジロのあかるい鳴き声も聞こえてくるはずである。

こぶしは
天の花です
小鳥のうたです
青い空いったいに
夢がわくのです
こぶしは
天の詩《うた》です
春の序曲です

青い空いったいに
雲がわくのです
こぶしは
春の神様です
佐保神《さほがみ》の祈りです
青い空いったいに
匂いたつのです

冬眠を終えた獣も食べる

フキノトウ

春といえば、まずなんといってもフキノトウのイメージが強い。「蕗」の文字が示すように、草かんむりに路であり、昔はどこでも見られた。昭和十八年、入隊を前にお別れのつもりで上京した。宮城から国会議事堂前へ歩いたが、議事堂前の空き地に蕗が群生していた。こんなところにも蕗が生えていると驚いたが、今日では田舎道でも見かけなくなった。

雪がとけはじめると、まっ先に頭をもたげるのがフキノトウである。奥伊吹の甲津原では「シャベノコ」という。かわいい娘さんという意味で、東北でも通じるという。

アイヌ語ではバッケイ、子どもを背負うという意味があり、ねんねこから顔をのぞかせる子どもに見たてたもののようである。

フキノトウにも雌雄がある。雌株の方はふっくらと丸味を帯びているが、雄株の方はやせていて細長い。もっともこれは一般の話で、植物学上では雌雄が逆になる。

雄花は黄白色、雌花は白であり、丈が高く伸びるのは雌花である。北海道や樺太では、フキノトウの雌雄を知らないものはないとのことである。それほど冬が厳しいのであろう。

春を告げる梅とともに、フキノトウは俳句ばかりでなく、食膳にもぜひ調えたいものである。ホロ苦いあの味は、なんとも言い難い。

ところで冬眠を終えた熊や猪、狸や狐が、このフキノトウを好んで食べることをご存じだろうか。冬眠の間に蓄積する毒素、ストレスを退散させるのが、このフキノトウの苦みである。ツクシも、スイバもはじめの頃のものは苦い。フキノトウを食べることは、私たちにとっても大切なこと。運動不足と冬の間のストレス解消の妙薬ということになる。

蕗は一方、山菜として親しまれる。これは主として葉の軸の部分で、若いものは葉も食べられる。フキノトウは干して、煎じて飲むとセキ止めに効果的である。地下茎は去痰《きょたん》、健胃剤として利用される。蕗のもっともおいしいのは霜が降りてからである。

なぜフキといわれるのか。これもぜひ知っておいてほしい。実はお尻を拭う昔のトイレットペーパーだと思えばいい。農村では、百年前といいたいが、戦前まで使われていた証拠がある。ただしこの葉は破れやすい。そこで葉を二枚、逆に重ねて使うことである。葉が広ければなんでもよいというものではない。アカメガシワなどはよいが、クズの葉などはまちがえて裏を使うと、一日中お尻がシカシカする。裏には細かい針のような毛があるからである。

フキもアカメガシワも消毒の役目を果してくれる。実に最高のペーパーであったことに気づく。私たちの先祖は賢明であったと、頭の下がる思いがする。

奥伊吹の方言で「ほえばな」

ショウジョウバカマ

山頂の雪が小さな音をたてて融けはじめる頃になると、ショウジョウバカマがまっすぐに花穂をのばしはじめる。

濃い緑色、時には赤褐色に縁を染める放射状に広がった葉は、しっかり大地を岩肌を押さえつけている。やがて赤むらさきの、下向きに垂れ下がった花をつける。花びらは六枚、おしべもめしべも花より長くのびる。

ショウジョウバカマはユリ科の多年草で、高山植物の一つに数えられているが、湖北の山地ではよく見つけることができる。江戸の歌舞伎役者の顔見世などに因んで、初春を寿ぐことからおこった名だともいわれるが、定説がない。赤むらさき色の花を猩々《しょうじょう》の赤い顔にたとえ、下に敷きつめた葉をはかまに見たてたというのである。

奥伊吹の甲津原では「ほえばな」と呼ぶ。「ほえる」とは、なく意味で、子どもが泣いているのを、つい最近まで「ほえる」といわれていた。古代

ショウジョウバカマ

のことばが今日に伝えられていて貴重であり、全国的にみるとやはり東北地方に多いとされている。

「ほえる」は単なる泣くの意味ではない。むしろ「雄叫《おたけ》び」の意である。「哮」ほえるがこれにふさわしい。長い冬が終わり雪が融けて大地がよみがえる。まっ先に咲きはじめるそのたくましいショウジョウバカマを、「ほえばな」と呼んだ甲津原の人々の感性に、深く心打たれるのである。

早春の野草

春が近づく頃になると、山麓は時おり霧につつまれる。少し離れた所からは、白い雲がかかったように見える。ほっとした安らぎを感ずる霧である。

雑木の梢もいつのまにかふくらんで、霧の中ではいっそう煙ったように見える。小鳥がむらがって低い木の枝をとびかい、ふくらんだ枝先のあたりをついばんでいる。

ウグイスである。びわ湖岸で冬をこしたウグイスが、六月の終わり頃になると山麓のお宮のあたりに大集合をして、一斉に山に入る。不思議な習性である。時おりチッという小さな声を立てるくらいで、全く鳴かないといってよい。彼らはやがて一合目あたりまで移動して発声の練習でもするのだろう。

谷あいの雪がとけはじめてチチと音をたてる頃になると、日当たりのよい岩場のかげにはもうセツブンソウが咲きはじめる。節分とはよくいったものだと感心するが、やはりユキワリソウよりも開花が早い。立ち上がったみずみずしい茎の上に放射状に裂れた葉をつけ、その上に五弁のやわらかい花びらをつける。葯《やく》は薄紫色である。

ユキワリソウの名で知られているのは、ミスミソウである。山麓の林などではよく見かけられる。若い芽は白い毛で覆われている。葉はミスミソウの名のごとく三角形、花は花茎の上につく。地表をはうようにひろがり、みごとな群落をみせる。

伊吹の山頂はさすが雪どけが遅く、四月末から五月にならなければ早春の花はむりなことが多い。山麓とちがって広々とした山頂は一つ一つの花の群落も大きく、みごとな美しさを見せてくれる。ショウジョウバカマ、イチリンソウ、ニリンソウなどの群落に逢うとまさに仙境に遊ぶ思いがする。ドライブウェイの開通にはまだ間があるので、これにはどうしても歩いて登る覚悟が必要である。

早春の花をたずね歩く楽しみは格別であろうが、野草愛好家の中にもそれを知る人は数少ないようだ。しかしかなり通の人もあるもので、名古屋、大阪、神戸など遠くからわざわざ出かけてくる人がありり案内をよくさせられた。

蝉合《せみあい》の峡谷付近はこれら早春の花の宝庫であるが、開花期が年によってずれるので、あてずっぽうにやって来てもむりである。

踏めばキツネにだまされる？

アマナ

山頂の雪がとけはじめて、岩肌や枯れ草の草原があちこちあらわになりはじめると、いっせいに小さな草の芽が伸びはじめます。

この頃の山頂に立つと、わたる風の匂いにも雪どけの小さな音にもひそかなときめきを覚えます。そんな草原の日だまりに、白いアマナの花はひっそりと咲きはじめるのです。

私の祖父は安政の生まれで、万延、文久、元治、慶応、明治、大正、昭和と生き、終戦の前年に亡くなりましたが、早春の山が一番よいといつも言っておりました。庭に立っては左手の薬指をなめ、その指をかざして季節を予想したりしました。アマナはキツネの花で、踏んだりするとキツネにだまされるなどと教えてくれたものでした。

山頂に近い南西斜面の凹地のあたりは、残雪があちこちに見られるものの風はおだやかで、一帯の日だまりには次々と早春の花が咲きはじめます。

アマナ

セツブンソウ、ミスミソウ、ショウジョウバカマ、イチリンソウなどですが、そんな仲間からはやや離れて、小さな星のような白い花を咲かせるのがアマナです。

アマナはまっ白な花びら六枚をひろげてつけます。花びらの裏側には暗い紫色のすじがあり、おしべやめしべも上品にこじんまりしていて、とてもすがすがしくかわいい花です。葉は線形でやや肉質、花茎の下の方から伸びていて、やや白っぽい緑が瑞々しさを感じさせます。

黄色い花をつけるキバナノアマナは、やや花も小型で、花びらは先がとがっていません。花茎の先に三、四個の花が散らばってつくことが多く、開花も少し遅れるようです。

伊吹山の山頂付近をはじめ、三合目近辺の草原や弥高《やたか》百坊跡にもたくさん自生しています。気象の点からみると、当然山頂部の花はうんと遅れて咲いてもいいのですが、アマナの咲きはじめるのはなぜか山頂の方が早いように思います。もっとも、セツブンソウのように花期が短いものに比べて、初夏の頃まで山頂のあちこちで見ることができます。

アマナは「甘菜」で、食用の野菜としてあげられています。別名をムギクワイということで、クワイに似た鱗茎《りんけい》（球根）が古くは食用に供されていたと、最近になって知ったところです。

どんなことからアマナがキツネとかかわるのかは聞いていないのですが、残雪の中に咲くアマナを見るとき、ふとどこかにキツネの姿が見えるような気がするのです。

中国では「春の精」と呼ぶ

シュンラン

季節の訪れは、風の音、雲の色、水の流れなどと古くから歌にも見えるが、やはりなんといっても、花に出逢ってはじめて実感が湧いてくる。早春の山路に見かけるシュンラン（春蘭）の蕾《つぼみ》などは、まさに春の女神といったところであろうか。

洋蘭の栽培が盛んになって、シンビジュウム、コチョウラン、遅咲きのシクラメンなどに比べるとあでやかさに乏しいシュンランなどを捜し廻る人も少ないにちがいない。しかし、なんといってもシュンランは日本的である。とは言うものの、シュンランも漢音だから、「ヤマシゲ」という呼び名がどうやら古いことばのようである。

シュンランは、春を告げる花として中国では古くから親しまれ、香気に満ちたこの花は「春の精」とも呼ばれたという。素朴さというか、つつましさというか、気品にみちた気高さを感じさせる。中国の墨絵などには好

シュンラン

んで描かれ、水墨画を学んだりする人にとっては初歩の練習課題であるという。

日本全国どこにでもあるというこのシュンランだが、一般にはヤマシゲの呼び名で親しまれる。子どもの頃にはよくこの花をつんで、花茎を口に入れて噛んだ。特にかわった味がするわけではないが、噛んでいると酒になるといわれていた。ヤマシゲは、ヤマスゲの転化したものと言われる。万葉にあるヤマスゲは、やはりこのシュンランのことであろう。ヤマスゲ、ハナスゲと呼び「知母」とあり、巫女《みこ》が占いに用いたとある。どのように用いたのか興味があるが、それ以上のことはわからない。なおこの根からとったものが、漢方の生薬名チモである。

シュンランの根は止血薬として知られている。特にヒビ、アカギレなどに効があるといわれる。取って来たこの根を、囲炉裏《いろり》の火にあぶって、出て来た汁を患部につけるのである。ヒビやアカギレを知らない人が多くなった今日だから、ヤマシゲが忘れられるようになるのも無理はなかろう。

花と花茎をゆでて酢のものにしたり、酢みそであえたりする。あるいは、梅酢につけてこれをかげ干しにしたものを、茶を入れる方法で飲むと、不老長寿の妙薬、まさに蘭香である。蘭花を仕込んだ酒を蘭英《らんおう》と呼び、美酒の呼び名に用いられる。

蘭契とは変わることのない盟友、蘭房は君子后妃のしとね、蘭交とは三世の交わりであるという。陰陽つまり天地の一体化したものが蘭であることも意味が深い。

まさに春の女神「佐保神《さほがみ》」にふさわしい花である。

人知れず咲き、散っていくから？

ヒトリシズカ、フタリシズカ

ヒトリシズカ（一人静　眉掃草）は、優雅な呼び名にふさわしく、早春の頃になるとやはり一度は出逢いたくなる野草である。

決して珍しい種ではないが、まだ残雪が見えるような山地の日陰や、岩山などに出かけることはまずないので、ご存じの方が少ないのかもしれない。

ヒトリシズカはセンリョウ科の多年草で、伊吹の山麓はもちろん、ちょっとした岩山の木陰などには自生しているはずである。人知れず咲き、散っていく花ということから、この名が生まれたのかもしれない。

節のある紫がかった細い茎がまっすぐに伸びて、その頂に楕円形の四枚の葉が輪生する。葉がまだ開ききらないうちにもう花軸を出して、白い三センチほどのブラシのような花が咲き始める。

いかにも山中にふさわしい、しとやかな情緒的な花である。花言葉集に

ヒトリシズカ

は、「隠された美」と記されている。

ヒトリシズカもいいが、フタリシズカ（二人静）の方がいいという方もあろう。これもセンリョウ科の植物で、林の中の日影のものは二十〜三十センチにもなる。

茎はまっすぐに立ち、下部に鱗《うろこ》状の小さな葉を付け、茎の上部に対生する葉を二、三節つける。葉は十センチほど。日陰のものはさらに大きくなる。

花穂は二本、長さは三〜五センチ。花は花びらがなく、白く三裂する。おしべが一個のめしべを囲み、内側に黄色の葯が三個ついている。この二種とも白く見えるのはおしべで、花びらがない。

寄り添うように並んで立つ花穂の風情は、いかにも心をなごませるものがある。

謡曲にも「二人静」がある。これは静御前の霊と、その霊に憑かれた菜摘女とが二人で舞う姿にたとえて名付けられたという。

「二人静」というと、ほくそえむ方もあるかもしれないが、いささかお気の毒。この二人は姉、妹の組み合わせらしい。太古以来、えひめ、おとひ

フタリシズカ

めの組み合わせが数多く伝えられる。なにかまだ秘められた謎がありそうである。

山峡甲津原の古謡も、姉川妹川伝説も、すべて姉妹であることに意味がありそうである。

近年山野草に親しむ方が多くなってうれしい限りである。自然のものを庭に植えることはむずかしいが、山麓の林などのものはさすが根づきやすい。一人静も二人静も一度移し植えたら、まず絶えることはない。毎年花を咲かせてくれることはまずまちがいない。

薬草ブームの今日だが、この葉は腫れ物、皮膚病の効能がみとめられていることも知っておきたい。

早春の頃に一度は出逢いたい

セツブンソウ

節分、立春といえば、すっかり春の感じで心うれしい。

セツブンソウが暦日通り節分に咲くことはまずないが、残雪の中から芽を出し、やがて小さな葉を拡げまっ白な花を咲かせる。まさに春の女神にふさわしい。

セツブンソウはキンポウゲの仲間。一般に同種、同属がたくさんあるものだが、珍しくこの一種のみ。花びらは五枚、卵形で蕊《ずい》は淡紫色、柔らかくみずみずしい。いかにも早春にふさわしいといえよう。

山も林もまだ眠っている。小鳥がさえずり、蝶が飛ぶのは、まだ一ヶ月も後のことになる。

森閑とした森の中の、わずか日のさし込むあたりで出会ったりしたら、それこそアイヌのコロボックルかと喜びにつつまれる。

中央アジア一帯に分布するが貴重な植物で、伊吹では東尾根の白山権現《はくさんごんげん》

セツブンソウ

社《しゃ》跡、姉川上流域の山麓帯にみごとな群落をみせてくれる。花は二週間くらい。しばらく葉は残っているが、まもなく雑草の中に埋まってわからなくなり、もとの山肌にもどってしまう。夏がすぎ、秋がやってくる。リスがとび廻り、キツネやタヌキが走る。

春、夏、秋、冬、長い一年という月日のほんのしばらくの間だけ、セツブンソウは高貴な花をつける。大自然の不思議と同時にいのちの尊さを教えてくれる。セツブンソウはそんな野草である。毎年早春の頃に一度は出逢いたい。

皆さんにもぜひ出逢ってほしい花である。

尾道の亀田さんは、ここ十数年、毎年のように伊吹山を訪ねる大の山好き。野草の絵も専門家並みのおばさん。

「今年もぜひセツブンソウをみたいので…」との電話。いずれその頃になったら連絡をと返事しながら、すっかり忘れていた。

庭の雪が消えたことに驚き、さっそくバイクをとばして峡谷へ。現地の小道に車があって通れない。これが福井からのセツブンソウのお客さん。

朝日村の植物園長さんと、もう一方は曼陀羅会《まんだら》の会長さんであった。

山道を登って自生地を案内したが、どうしても植物園へ二株をもらって帰りたいとのこと。保護区のもの、それはできない相談、では別の場所へと案内したことだった。

曼陀羅会とは泰澄大師《たいちょうだいし》の研究奉賛会。泰澄大師は伊吹山寺の開山。五月には大師の生誕地をはじめ、二日間にわたって、遺蹟の案内をいただいたことだった。

山野草はいずれもそうだが、肥料気のない土に、石ころだらけの自然のままの場所を選んで、まわりの雑草をとらないことが秘訣。

ご希望とあれば、来春には案内しましょうか。ぜひお出かけくださいませんか。

（地方によってはユキワリソウと呼ぶ。ミスミソウ、スハマソウを一般に雪割草と呼ぶ。この二種も現地にはたくさん咲く。）

春の七草

芹、薺、御形、蘩蔞、佛座、菘、蘿蔔、と並べてみても、これはなかなか読めません。セリ、ナズナ、ゴギョウ、ハコベラ、ホトケノザ、スズナ、スズシロ、いわゆる春の七草です。正月十五日の七草粥の行事について山麓の村々を調査したところ、予想外に七草粥に関心があり、戦前までこれに因む行事が広く行われていたことがわかりました。

もっとも雪の多い季節であることから、蕪《かぶ》や大根、つまりスズナ、スズシロが多く用いられ、一方小豆粥も多かったこともわかりました。

平安の頃の記録に見える七草の行事は、当然陰暦ですから二月も半ば頃にあたりますし、この頃は年間気温の高かった時代であったようですから、摘み草もできたものと思われます。蕪や大根の葉を青く干したものは風邪薬で、身体を暖めるといわれますから、案外合理的なものであり、小豆もまた祝い事にふさわしいものだったようです。

早春のセリの香りは、まさに季節の到来を感じさせます。万葉には、草摘む少女を見初めて、名を尋ねるという歌がありますが、「芹摘む」とは片思いの意で、「せっかく思う人のために芹を摘んだが思いがかなわなかった」など、失恋の用語だとのこと。セリは、芹子とも書き、タゼリ、ミズゼリがあります。共に小児の解熱に生のしぼり汁を用います。

ナズナはペンペン草。「よく見ればなづな花咲く垣根かな　芭蕉」の句があります。実の形が三味線の撥《ばち》や軍配に似ているといわれ、よく実った草を取って振ると小さな音が聞こえます。薬草の一種で、目の痛みや充血に、また利尿、解熱、止血に効果があるとされていますが、なんとも意味のわからない漢字です。

ゴギョウはホウコグサ（母子草）の意で、母と子の摘む草とのこと。ホウコヨモギともあり、これは親子で摘む若草のことだそうです。一般に黄色い花をハハコグサ、白い花をチチコグサと呼びます。春の草餅に用いるのは、都ではホウコグサ、鄙《ひな》ではヨモギです。

ハコベラは、ヒヨコグサ、スズメクラとも呼ばれ、小鳥などがよく食べます。もっとも軽く、茹でて食する野草です。利尿剤として用いられるほか、ハコベを乾燥し、これを炒って塩と混ぜ、歯を磨くことに古くから使われています。ウシハコベは大型で、これは食べられません。

ホトケノザがどうして七草の中に入っているのか疑問です。若い草を食べるとのことですが、私はまだ縁がありません。シソ科の植物で、葉は輪状、いくつかの層のようになってつき、大きさは一文銭大とあります。三階草とも呼ばれ、春の彼岸にさきがけて咲くことから、「ヒガンバナ」、「レンゲ」などと呼ぶ地方もあります。

スズナは、蕪、鈴菜、青菜と記されています。今昔物語には愉快な話があります。スズはかわいらしいの意で、蕪が女性をあらわしていることもおもしろい表現です。

スズシロ、これは大根のことです。清白、清白菜と記されています。昔は大根も細く短かったのです。奈良時代の大根は指で作る輪ほどと言いますから、蕪の女性に対して大根の男性というのもうなずけます。しかも共に白です。白は不老長寿の色ですから、めでたしめでたしというわけです。

五つ、つまり五行をおいて、陰陽を併せて七つ。七草粥のおこりは、やはりどうやらおめでたいものであるようです。

早春曼陀羅

雪割草

子リスの胸につけたい
ちいさなブローチ
白い雪割草は
林の日だまりに咲くのです

ダケカンバの梢に
さっきから啼いている
元気もののホホ白も
雪割草が好きなのです

雪割草は春の神様
春の詩です

子どもの目に映る
ちぎれ雲でしょうか

いちりんそう

そんなに　みつめないで
いちりんそうは
はずかしがりやです
さみしがりやなんです
ポォーッとほっぺたを赤らめ
いちりんそうは
下をむいてばかりです
小さなまあるい目の

子どものいたちが
愛をささやくからです

キンポウゲ

あたたかい
おぼろ月夜です
どこかで草笛がきこえて
キンポウゲは
ポツポツ咲くのです

きつねの親子が
立ちどまります
ボクのおようふくの
ボタンにしようよ
かあさんぎつねが
うなずきました

そこだけが
ぼんやりあかるい
おぼろ月夜です

椿

つらつら椿が
咲きました
雪解の山の
日だまりに

つらつら椿は
春の花
もえるこころの

赤い花

つらつら椿は
愛の花
さびしい別れの
山の花

つらつら椿
つらつばき
ちぎりを惜しむ
つら椿

しろもじ
ちち、ちちと
谷を埋めた雪が
音をたてて解けはじめる
梢をわたる小さな風の音
しろもじがタクトを振るのです

うす黄色の匂いは
雪どけの匂いです
岩魚が谷をのぼりはじめ
山鳩がドラムを叩きます
しろもじは早春譜の指揮者です

みずひき
だれかさんと
だれかさんの
小指にむすんだ
きんいろみずひき

どこいった

だれかさんと
だれかさんの
小指のやくそく
きんいろみずひき
わすれたの

しょうじょうばかま

雪どけの山はだに
しっかりとふんばって
しょうじょうばかまは
立ちあがる
山蛙もとかげも
まだ冬眠から目ざめない
林はしんとして冷たく
黒い土の匂いだけだ
しょうじょうばかまの
あでやかな色が
こもれ日を呼んでいる

ホエばな　ホエろ
はーるの神様
はーやく来い
(甲津原では「ホエばな」と呼んでいる)

つくし

つくしんぼうは
一年生
ならんで遠足

一、二、三
ロケット飛ばそう
青い空
用意だ発射だ
三、二、一
春の鍵盤
ドレミファソ
かわいい坊主は
土手のうえ

蕗のとう
アイヌの村の
かなしい少年の物語です
コロボックルの
春の神様なのです

シャベノコ
シャベノコ
谷間の雪の間から
とっととシャベノコ
出ておいで
雪解の音をはよ聞いて
とっととシャベノコ
出ておいで

ポッとあかるい火のともる
ユーカラのしらべです

中学二年の春に発見

イブキイチゲ

白妙《しろたえ》の衣干すてふ天《あま》の香具山《かぐやま》

万葉の女性が心をときめかせたという白妙、イブキイチゲ（アズマイチゲ）は、さまざまな思い出と涙をさそう花なのです。

濃い緑のやわらかな葉をはずかしげに円形に拡げ、そのまん中から伸びた茎の上に、小さな花びらの多いチューリップのような清楚な花をつけるのです。

雑木林の春にさきがけて咲くこの花は、せいぜい二週間あまりの花期です。伊吹山地でも山麓のごく一部にしかいまだに群落が確認されていないのです。イチリンソウやニリンソウ（もっともこれは季節があとになりますが）と同じように群落を作っていますから、決して見つけるのはむつかしくないのですが。

イブキイチゲ

私がはじめてこの花に出逢ったのは中学二年の春、学校は春休みに入っていました。姉と二人で石ころ道を自転車で走りながら、林の中に群落を見つけたのです。

当時の姉は大津に在学中で橋本忠太郎先生に師事していましたから、翌朝早速二株ほどを掘って大津に走りました。本県でのはじめての発見ということで、その年の秋、植物同好会誌に発表され、「イブキイチゲ」と命名されました。

こんなことがあってからは、私もまた先生のおしりを追っかけて、湖北の山々を歩き廻るようになりました。しかしまもなく出征です。ありがたい事に飛行場はどこへ行っても広々とした野っ原。さまざまな林に囲まれていましたから、野草を摘むのには事欠きませんでした。武蔵野《むさしの》（東京都）でも八戸《はちのへ》（青森県）でも能代《のしろ》（秋田県）でも、かずかずの野草との出逢いがありました。やがて終戦です。翌年の春、思いがけなくも再びイブキイチゲの群落を前にすることができたのです。

それからわずか九年、乳飲み子をはじめ五人の子どもを残して姉は他界しました。ちょうどこの花の咲く頃でした。

イブキイチゲの名は学名とはならなかったようで、アズマイチゲが正しいようです。しかし私にとって、これはまぎれもなくイブキイチゲなのです。

人間とは生涯だれもが一本の野草をかかげて歩むものだというのなら、私はこの花をもう半生以上もかかげ続けて来たことにふと気付かされるのです。

草原の王者

ヤグルマソウ

伊吹山の春はあわただしくその粧《よそお》いを変える。山頂付近を彩ったイチリンソウの群落はまたたく間にキジムシロの黄色い花に山肌をゆずる。こうして間もなく白い霧の季節（雨季）を迎えるのである。

山の木々はその中でいっせいに若葉を茂らせ、山草はわれさきにと背丈を伸ばし葉を拡げる。谷を埋め、岩肌を掩《おお》い、さながら深い海となってうねりを見せはじめる。

この頃になると、もう谷間からホトトギスを聞くようになる。やがてカッコウも啼《な》きはじめる。郭公《かっこう》と聞けば、ワルツを連想されるかもしれない。白い雲の流れる山は、カッコウの声に弾むような心楽しさを覚えさせる。

しかし、霧の中からこだまするカッコウの声は、人々を悠久の世界に誘い込み、不思議な時の空間にいざなう。さながら過去から、あるいは未来から響いてくるのではないかとさえ思われる。

ヤグルマソウ

ホトトギスやカッコウを聞いて、草原の王者ヤグルマソウはまたたく間に群を抜いて立ち上がる。朱をはいたような新芽、徐々に大きな葉を拡げてゆく姿は、生命の誕生を思わせるばかりに神秘的である。

五月の節句でなじみ深い矢車、いかにも矢車と呼ぶにふさわしいヤグルマソウの手のひら状の葉は、大型のものになると径が五十センチにも達する。やがて円錐状の花穂を伸ばし、無数の小さな花をつける。深い、流れる霧の中であらわれてはかくれるヤグルマソウ、背丈を越す白い花穂は激しく心に迫る。

この季節、雨の中を訪れる人はまれである。まして谷のヤグルマソウに気付く人はほとんどあるまい。夏のお花畑の華麗さは、ここには微塵もない。ヤグルマソウの夢幻の魅力、それはまさに山霊の世界。山の神の宴《うたげ》とでもいえばよかろう。

観音から賜った秘薬

カタクリ

伊吹山の雪がとけはじめ、春がやって来ると、山麓の樹林帯にはいち早くマンサクやダンコウバイの黄色い花が咲きはじめる。山がけむるという表現はまさにその通りで、木々の芽がふくらみはじめると、山肌を埋める木々の繊細な梢がほのかな光芒を放ち、薄明のベールにつつまれる。

セツブンソウやユキワリソウの花が終わる頃になると、やがてカタクリの葉がのぞきはじめる。小さな細い葉が一枚だけ出るので、この頃に見つけるのはちょっとむつかしい。やがて、そのそばからもう一枚の葉が伸びて来る。一枚だけしか出ないものは花をつけない。

カタクリは紅紫色の小型のユリのような花で、その優雅な美しさは花の精といったことばがふさわしい。万葉の人々にも広く親しまれていたようで、堅香子―カタカゴと詠まれている。

カタクリ

物部《もののふ》の八十少女《やそをとめ》らが汲《く》みまがふ　寺井の上《うへ》の堅香子《かたかご》の花

大伴家持（万葉集　巻十八）

カタカゴの語にはいろいろ説があるが、一、二年のうちは片葉で、葉に斑点のあることから「片葉鹿の子」だとする古今要覧の方をとりたい。もともとカタコユリではなかったかと思う。カタコとは小さくてかわいいの意味であり、これが一番ふさわしいと思っている。

平安の頃になるとカタカシと呼んだらしい。

妹が汲む寺井のうへのかたかしの　はな咲くほどぞ春になりぬる

藤原定良

寺井とは寺院の境内に湧く清水である。かしの語を調べてみたら、雛人形の意があり、これだとひとり合点した。

カタクリの花は太陽が昇る頃に花を開き、夕暮れになると花びらを閉じる。五日から長くて七日くらいのいのちである。伊吹山ではとくに中尾根に多く、東尾根にも点在している。

中尾根の張り出したあたりに弥高寺跡（弥高百坊）がある。このあたりには群生地があり、昔から山麓では薬草として扱われていたもようである。

山麓の弥高の村に、病に伏す母親の世話をけなげに続ける娘がいた。わずかな畑でとれる作物にも限りがあり、隣家の手伝いや薪《まき》を拾い集めることで、漸く口すぎをした。なんとしても母親の病をよくしたいと、毎日のように里寺の観音にお詣りを続けていたが、母親は次第に力も失せて、何かを訴える様子を、ただおろおろ見守るばかりであった。

そんな夜、娘はふといつか聞いたことを思い出し、母親の手首に結んだ赤い糸をしっかりと握って眠りにおちた。娘はいつか山道に立っていて、あたりには山肌をうずめてカタクリの花が咲いていた。夜明けを待って、娘は弥高百坊への道を駆け登っていった。そこには、夢に見たカタクリの花がむらがっていた。このカタクリこそ、観音から賜った秘薬であった。母親が意識をとりもどし床を離れるのに、なにほどもかからなかったという。

カタクリが秘薬とされ、特にその球根が虚弱の質をただすことは今日にも知られているところである。

うかつに近づくことは危険

ヤマツツジ

春が急ぎ足でやって来ると、山はいっせいに芽をふきはじめます。俳句では山が笑うというのだそうですが、もっといい表現がないものかと、この頃になるといつも思います。

谷のあたりにカッコウが啼き、ウグイスが山頂の近くでも聞こえる頃になると、ヤマツツジの季節がやってきます。

五合目あたりから西側の蔵の内の断層にかけて、さらに八合目の平等岩や雨降岩から西尾根の稜線の一角である三ツ頭にかけての一帯は、ヤマツツジの群落にみごとに彩られます。山麓からでも赤味がかった山肌の変化を確かめることができましょう。しかし、うかつに近づくことは危険です。背丈を越す灌木《かんぼく》林帯、しかも地表は岩場の多いところです。

山肌から突き出した巨大な平等岩。その頂きに立つと、目もくらむばかり。淡海《おうみ》の国は眼下に拡がります。一羽の鳥となって飛び立つような興奮

ヤマツツジ

を覚えます。円空さんの行道の跡をたどろうと、低木の茂み、切り立つような岩場を縫って回ること五十分余り。距離にすれば百五〇メートル余りでしょう。手も顔も引っ裂《か》き傷、汗がしみて目もまともに開けないくらいです。漸くもとの場所にたどりついて、そのまま草原に倒れ込みました。やがてふと気付くと、ふりそそぐ明るい太陽、小鳥がすぐそばで囀り、真っ白な雲が流れています。足元も頭の上も、ヤマツツジの群落でした。

修験の行を積んだ円空さんも、時にはここに寝ころんだにちがいない。あの柔和な円空仏のほほえみは、そうでなければ生まれるはずがない。私はひとりうなずいたことでした。

伊吹山のヤマツツジは、最も素朴な灌木で、姉川の蝉合《せみあい》峡谷からは、通称ムラサキツツジも点在します。北尾根や山頂美濃側の斜面では、ミツバツツジが見られます。甲津原に入ると、ときおりサイコクミツバツツジのみごとな群落に出会います。

中尾根から弥高百坊跡、ここから南へとんで岩岨山《いわそやま》（岩嵱山）、さらに大野木山へヤマツツジが連なります。大野木山では、ツツジ祭りが行われることもあります。

子どもの頃、山へ出かけたり、登下校に山の道を通ったりした時には、よくこの花をとって食べたものです。花のねもとの方はわずかに酸っぱく、その頃はけっこうおいしかったものです。ただ、ムラサキツツジは毒だといって食べません。芭蕉もツツジの酢の物を食べたと記録していますから、昔はそんな料理があったものと思われます。

初夏の頃になると、高山植物の一種といわれるアカモノが、岩岨山や大清水野一帯に赤い実をつけましたが、戦後はほとんど姿を消しました。やはりツツジの仲間で、子どもたちが競ってとって食べたものです。

五月はさつき、ツツジの季節です。ツツジは日本の特産種で、日本全土に分布しています。種は五十種とされていますが、同じ種でも地域によってかなり異なるもようです。

ことに近年、栽培種が多く出回るようになり、品種改良も進んでいます。盆栽愛好家が爆発的に増加し、専門誌もたくさん出ていますが、野性の素朴さもまた、見失わないようにしたいものです。

かつては「おんぼうの木」ヤマハンノキ

山の雪が融けはじめる頃になると、裸のハンノキ（榛木）は黄色（暗紫褐色）の長い花穂を垂らしはじめ、雪の上に薄黄色の花粉を一面に撒き散らす。ハンノキは日本全土に分布する落葉高木である。「榛」はシン、はしばみとあり、実は食用に、樹皮は染料になる。水田の稲架《はさ》用として田のあぜに植えられるハンノキは畦畔木《けいはんぼく》と呼ばれ、湖北の風物詩としてしばしば取り上げられている。

ハンノキの仲間は、カワラハンノキ、ミヤマカワラハンノキ、ケヤマハンノキ、サクラハンノキ、ヤシャブシなど種類が多いが、一般にはヤマハンノキとカワラハンノキの二種類でかたづけている。林道の新設、あるいは急傾斜地の山崩れの防止には、ヤシャブシ、ヤマハンノキがよく植えられているもようである。

ことに伊吹山の近辺では、本州北部から日本海側に分布するミヤマカワ

ヤマハンノキ

ラハンノキの仲間が多いようである。葉の先端が丸みを帯びたのが、カワラハンノキ、一般にハンノキと呼んでいる種は、葉の先が尖っている。

ハンノキは、古くは「おんぼうの木」と呼ばれていた。おんぼうとは、墓守の僧の意であるが、転じて火葬の際遺骸を焼くこと、あるいはその人のことを陰坊、陰亡とも呼んだ。村では、肉親を除く近隣の人がその役を引き受けるのが通例であった。役を受けた男衆の仕事は、まず近くの山に入ってハンノキを伐って運び出すことだった。太からず細からず、両手で握れるくらいのものが最もよいとされている。

村はずれの山かげの凹地などに穴を掘った焼き場では、山から伐り出した生木を組み重ね、その上に柩を置き、乾燥した薪、割木などをうず高く積み上げる。その上から濡れ筵《むしろ》を何枚も重ねて、これを掩うのである。

火入れは藁で行うが、これは喪主の役目である。枯れた薪でなければ燃えつかないが、いったん火をつけた後は高温でしかも長時間をかけて蒸し焼きにする。

山から伐り出したハンノキはみずみずしく、簡単には燃えないが、いったん燃えつくと長時間しかも高温で燃え続ける。松など針葉樹は遺骨が汚れるから、これは用いない。ハンノキがおんぼうの木と呼ばれる由縁である。山のハンノキはむやみに伐らないものとされている。また火葬に用いるハンノキの伐採は、地主の許を得る必要がなかったのである。

村の男衆は早春の頃、雪の上が黄褐色に彩られ、おんぼの木がどこにあるかをよく知っていたものである。火葬もほとんどなくなり、ハンノキの話も、ハンノキを知っている人もなくなりつつある。ホトケギと呼んだ古老もすでに亡くなって、九年になる。まもなくひと昔ということである。

岩場の樹林帯だからこその花

イワウチワ

早春のマンサクやコブシの花が終わると、山の木々はいっせいに芽吹きはじめます。うす緑色の明るい日ざしが降りそそぐ落葉樹林帯は、わずかな梢をわたる風にも、さまざまな変化を見せます。光と音と香と、さながら万華鏡をみる思いです。

コガラやエナガなどの小鳥の群れがやってきて囀り、小枝にぶら下がってみごとな宙返りも見せます。チョンチョンつつきあっているのは、恋人のカップルでしょうか。と、突然もつれあって、岩肌に消えました。

あたりはほんの少し甘酸っぱい香りです。一面の岩肌に群がって咲いているイワウチワの群落、淡いピンクがたまらない美しさです。先程の小鳥が、そんな中に見え隠れしていて、舞台に小人が舞い踊るオーケストラを見るような、幻想の世界に誘いこまれます。

イワウチワはイワウメ科。大型のイワカガミは山麗の林でも見られます。

イワウチワ

ここは姉川上流の吉槻。五台山中腹の岩場の樹林帯です。行基菩薩《ぎょうきぼさつ》が巡錫《じゅんしゃく》、五台山寺を開いたという伝説の聖地は、この岩場からさらに高い、標高八百五十メートルのあたりで、広大な古代寺院跡は、まさに中国様式です。ここからは東草野谷を一望し、七曲峠（七廻り峠）の向こうに広がる湖北平野の一帯、その向こうに輝く琵琶湖が眺められます。東大寺建立にあたって巨木を寄進したことから、村名の「よしつき（吉槻）」を賜ったと伝えられているのです。

山寺の厨房《ちゅうぼう》跡という一帯は、谷水も豊かで、獣たちのヌタ場です。山の動物たちの憩いの場でしょうか。けものたちの匂いに、あやしく心が躍ります。

イワウチワは、高山の樹林帯に生える多年草です。長い柄のついた葉は、厚くて堅くツヤがあり、ゴツゴツした丸型です。花は、一輪ずつ柄の先に付き、直径三センチメートルぐらい。花びらは五枚で先が細かく裂けています。私はイワザクラと呼びたいのですが。

野草はどれひとつとってみても、あたりの風景や趣を抜きにしては考えられません。岩場の樹林帯だからこそ、このような花が咲くのでしょう。

雪が解けて木々が芽をふきはじめ、やがて新緑に山が彩られるほんのしばらくの間、イワウチワの楽園が繰り広げられるのです。

野草を訪ねることも一つの出逢いです。しかもその地の歴史や風土、民俗や伝説を確かめることによって、はじめて深い心の交流が生まれます。近年、花屋さんの店頭には山地性の植物がずいぶん増えましたが、いずれも野生の感じがほとんどなくなってしまっています。

別に遠出を望むのではありません。芭蕉の秀句に、「よく見ればなずな花咲く垣根かな」がありますが、出逢いもまた愛に尽きましょう。「野草との相聞《そうもん》、そこに物語が生まれる」。そんな出逢いを、ぜひこのさわやかな季節にとおすすめします。

尼僧のおもかげを見る

ヤマシャクヤク

五月の伊吹山は若葉の季節である。しかし峡谷のあちこちには残雪が冬の厳しさを物語る。蔵ノ内、不動の滝の峡谷は身震いするほど冷たく、閑《かん》寂《じゃく》そのものである。

いつ崩れ落ちて来ても不思議ではないと思われる断崖の谷底に立つとき、大自然の中に吸い込まれて行くような粛然たる気持ちと、いい知れぬ感動に身震いさえ覚える。

崩れ落ちた大小の岩石に足場を確かめながら立つと、谷底を流れる雪解け水の小さな響きに気づく。三十メートルを越える不動の滝には、水の流れは見えない。高い断崖の上から聞こえるのは小鳥の囀りである。

左手の断崖をよじ登ると小さな洞窟がある。伊吹山平等岩に修行した円空が、元禄二年、太平寺に身をよせ十一面観音像を刻んだ。時の住職祐春が円空の入定後、この洞窟に不動尊を祀ったのである。

ヤマシャクヤク

この洞窟のさらに上部二十メートルに「鷲《わし》の巣」と呼ぶ小洞窟がある。持ち込んだ小枝がはみ出して眺められる。イヌワシとの事であるが、この蔵ノ内では見かけたことがない。

この秘境に咲くのがヤマシャクヤクである。ヤマシャクヤクはキンポウゲ科、山地の林に生える多年草で、決して特に珍しいというわけではない。しかし短い開花期に出逢うことが極めて難しい。

茎の長さは三十~四十センチ。三、四枚の葉を互生し、先端に四~五センチの花を一個つける。花は上を向き、花弁は純白でいかにも清潔で可憐な花である。

「立てば芍薬、座れば牡丹……」と、古来美しい女性にたとえられ、中国では「洛陽《らくよう》の牡丹、揚州《ようしゅう》の芍薬」という。今日園芸上のシャクヤクは欧州で改良されたものであるが、ヤマシャクヤクは日本の古来種である。

蔵ノ内の峡谷は、伊吹山寺の創建以来修験《しゅげん》の霊場であった。断崖を流れ落ちる不動の滝に、修験者は想念をこらしたのであろう。

不動の滝のしぶきを浴びてヤマシャクヤクは芽を吹く。そしてやがて蕾をふくらます。純白で清楚、私はそこに尼僧《にそう》のおもかげを見る。一枝一輪、一つの株に一輪だけの花をつけるヤマシャクヤクに、私は不思議な野草のいのちに気づくのである。（蔵ノ内、不動の滝の秘境は、案内する人がない限り、容易に近づけないことを念のため付記する。）

祖父曰く「むづかしい草」

イカリソウ

「イカリソウ」はよく知られている薬草である。しかし、名は知っていても、草本をご存じでない方が案外多い。「やっぱり煎じて飲むのですか。根がいいのですか、葉の方ですか」などと、まじめな顔で聞かれたりすると辟易せざるを得ない。いかがわしい宣伝の故であろうか。

「普通は根ではなく、地上部つまり、葉や茎を用いるようですが、漢方の薬局などで尋ねてみてください」と、退散することにしている。

一般に、強壮、強精などにすぐれた薬効があるとされているが、特に調べてみたことはない。

山野の好きな方には鉢植えをすすめたい。山で掘ってきたものは砂地に腐葉土などを混ぜて浅めに植えつける。掘って持ち帰るとき、山の土も少しいっしょに持って帰るのが、より確実性がある。

春と秋は充分日にあて、夏は日陰におくが水を切らさないこと。春のはじめ薄い液肥を少しやると、よく花をつける。二、三年で植え替えればよい。数本も育てあげると、その魅力は格別であろう。

私の祖父寿円じいさんは、マムシやトリカブトを蒸し焼きにして粉薬を作って愛用していたが、イカリソウは、たしかむづかしい草だと言っていたように記憶している。

祖父の祖父は、医師の免許をもっていた人で、医書や記録がかなりたくさん残っている。去年の秋、奈良唐招提寺の薬草苑から調査に来られ、蘭学の処方も取り入れられていたことが判明した。文化・文政のころ、伊吹薬草は西洋医学の目でも確かめられていたもようである。

イカリソウ

イカリソウは淫羊藿《いんようかく》、別名をいかりぐさ、てんとりばな、仏霊脾、千両金などと、呼び名が極めて多い。

漢方薬の代表的なものの一つといってよかろう。強壮、強精、不眠症、健忘症、神経衰弱、低血圧、中風など、数多くの薬効があげられている。

一方では、若葉をごま和え、油炒め、天ぷらなど、食膳にも供して賞味されている。

漢方でいわれる淫羊は、イカリソウの仲間のホザキイカリソウで、中国では専ら栽培されているという。ことに地下部（根）にはアルカロイドを含んでおり、有毒であるが、まだ研究が進んでいないとのことである。

イカリソウの名は、その花が碇《いかり》（錨）に似ていることからという。山野草の愛好家に親しまれ、盆栽などにしたものも趣が深い。

奥伊吹にはウラジロイカリソウが多い。冬にも葉を落とさないのがトキワイカリソウである。

ナンテンはヒイラギナンテンの仲間で、北海道から九州まで主に太平洋側に分布する。

山地の林などに生える多年草で、二十センチから四十センチにもなる。伊吹山では、二合目あたりから、山麓の林のあちこちに群生している。赤紫色の花が多いが、濃淡にはかなり差があり、白花もまれに混じっている。

昭和六十三年（一九八八）、滋賀県の厚生部薬務課では、伊吹山の薬草調査を行い、報告書をまとめている。京都大学にもこのころの調査報告書がある。

これらの報告書によると、伊吹山の薬草としてとりあげられているのは、百草どころか、百六十八種にも及んでいる。イカリソウももちろん含まれているが、なぜか薬効名だけは記載されていない。やはり謎の部分が多いのであろうか。案外寿円じいさんの言葉があたっているのかもしれない。

春の白い花たち

ナズナ、ハタザオ、スズシロソウ

よくみればなずな花咲く　垣根かな　芭蕉

なんでもない、どこにでもあるなずなの花であるが、こんな小さな草花にまで目をとめる翁の人柄にふれる思いがしてうれしい。早春の大好きな句であり、この清楚な花がこのうえもなくうれしい。

ナズナは春の七草の筆頭にあげられ、食用として、薬草としても利用される。利尿、解熱剤として用いられ、止血作用があることが知られ、また煎じ汁は洗眼にも用いられる。

ペンペングサと呼ばれるのは、その実が三味線の撥《ばち》に似ていることからだという。花も実もかわいい。

同じ仲間のグンバイナズナは大型で、茎もしっかりしている。その実が軍配団扇《うちわ》の形をしていることから名付けられたという。タケツネバナはさらに大型で、六十～七十センチにもなる。

薄紫色の花をつけるハナダイコンは、中国の原産といわれる。近年あちこちで屋敷廻りに植えられているのを見かける。中国名はショカッサイで、薬草である。ヒマラヤの登山隊が持ち帰ったとされるヒマラヤナとは、私にもまだはっきりした区別がつかない。

四月から五、六月にかけて、姉川上流に出かけてみると、路傍の斜面や岩かげに白く咲き乱れているのはスズシロソウである。地を這うように茎が伸びて、花をたくさんつける。スズシロソウはヤマハタザオの仲間である。

伊吹山では、春から夏にかけての三合目あたりで、ハタザオもよく見つけることができる。

ハタザオは文字通りまっすぐに伸びた旗竿のようで、その先端部に白い小さな花をつける。細い葉は小ぶりで、しかも横へ伸びないのでいっそう細い棒状に見える。まさに旗竿である。

ハタザオ、イブキハタザオ、ハクサンハタザオ、フジハタザオ、ヤマハタザオ、エゾハタザオの数種が確認されている。

中学の一、二年の頃だったか、当時の県の植物の権威、橋本忠太郎先生、虎姫中学校（旧制。現在の虎姫高校）の松山外治郎先生のお尻について山歩きをしたとき、初めてこの珍しいハタザオに出逢ったことを思いおこす。六十年以上も前のことである。

この程、松山先生の遺された植物標本を整理させていただくことができ、まもなく完成の予定である。大正十年（一九二一）以来の標本は、湖北各地をはじめ、大台ヶ原、白山、三重県内、国外をも含めると、ほぼ千八百点になる。八十年近くたったにもかかわらず、標本は立派に役立ってくれる。もうこんな標本作りなど顧みられない時代と思うと、いささか淋しくなる。

私の幼なじみ

オキナグサ

オキナグサは私の幼なじみの野草です。春を待ってよく近くの岩砠山《いわそやま》へ出かけました。ヒトリシズカやフタリシズカの花が散って、ハルリンドウが咲きはじめる頃にオキナグサは芽を出します。

昭和のはじめ頃、祖父に連れられてよく山歩きをしました。岩砠山のオキナグサに出逢ったのはその頃ですから、もう七十年も前のことです。小学校に入ってからも春になると必ずひとりで見に出かけました。

葉も花も白い生毛に包まれたオキナグサは、小型のチューリップのような花を下向きに咲かせます。花の内側は暗赤色ですから、とてもかわいい花です。可憐でとても魅力があります。

オキナグサという名を知ったのはずいぶん後のことですが、花の散ったあと、タンポポと違って長い羽毛をつけた実がいっぱいにつくのです。カラーでないのが残念ですが、写真でたしかめて下さい。

オキナグサ

伊吹山南麓の岩砠山と呼ぶ岩山は壬申《じんしん》の乱の古戦場、後の浅井氏が上平寺《じょうへいじ》落城に追い込んだ拠点、別名簑着山《みのきせやま》（あるいは、簑掛山《みのかけやま》）です。また山頂の古墳は陸軍大演習の統監として来県した大正天皇（当時皇太子）の行啓地御野立所です。

岩山の西側は「平野《ひらの》」と呼んだ草芝の大きな原っぱで、大正から昭和の初期、山東部の大運動会なども行われたところです。センブリ、リンドウ、オトギリソウ、オミナエシ、フジバカマなどがたくさん咲きました。少し林の中に入るとコケモモやカクミスノキ、グミ、イチゴ、イワナシ、ヤマグワ、ボケ、ヨノミ、テンナシなど、どの季節も学校帰りのおやつには事欠きませんでした。

リスなどは珍らしくありませんが、時には子ジカに出逢ったりしましたし、クワガタやカブトムシは幹を叩くと落ちて来ました。ずいぶん楽しい小学校時代でしたが、春、オキナグサの可憐な可愛らしさにはひどく心をおどらせたものでした。

その後いつのまにか山の様子もすっかり変わって、たくさんの野草はほとんど見られなくなりました。ことに昭和六十年代にはずいぶん調査に歩き廻りましたが、岩砠山はもちろん、一度も伊吹山近辺では発見することが出来ませんでした。しかしまだ夢は捨てていないのです。

オキナグサはキンポウゲ科の多年草で本州、九州、朝鮮半島などアジア大陸北東部に分布する植物です。

江戸時代加賀藩の本草《ほんぞう》学に精通したという前田利保《としやす》公の江戸屋敷の万香園には多くの野草が植えられていたもようで、図譜が残されています。

それには「八翁草」とあります。中国名は「白頭翁」。これもまた漢方の薬草で、解熱止瀉《ししゃ》、解毒に全草を用いると記されています。

草餅には本来これを

ハハコグサ

ハハコグサは「母子草」で、春の七草の一つ、オギョウまたはゴギョウなどと呼ばれている。『大言海』によると、「母子餅ヲ製スル草ノ義ナラム」とあり、母子餅の項には、「母子（這子）ニ供フル義ナラム。後世此ノ餅ヲひなニ供ス」と記されている。三月三日のひなまつりにはお供えものとして用いられたともある。

『文徳実録』といえば権威ある歴史書で、元慶三年（八七九）に完成していることから、すでにこの頃から広く行われていたもようである。

ともあれ、万葉にも草を摘む乙女の歌があり、百人一首の「君がため春の野に出でて若菜摘む――」もご存じのはずであり、摘み草の代表的なものであったにちがいない。御形《ごぎょう》とはハハコグサの異称とされているが、五行つまり木、火、土、金、水の五行相生説から生まれたものかもしれないが、諸説があるのでここでは省略したい。

ハハコグサは平地の道ばたや荒れ地、畑などでよく見られる、柔らかい二年草。全体に、こまかく白っぽい綿毛に掩われていて、やわらかく、やさしい感じの小さな野草である。葉は細長く、先もまるく二～六センチくらい、まん中に淡黄色の花のつぼみがかたまっていて、茎や葉がしっかりそれを支えている。地方によってはチチコグサというようだが、このチチは、白いお乳の意味らしく、チチコグサというよく似た多年草が別にある。これは背丈も高く、茎は根本から数本まっすぐに立ち上がることが多い。チチコグサの冠毛は白く、頭花は先端に暗赤色の小さな花を星状につける。これは、食用には用いることがない。

伊吹山では、一合目のあたりから山麓各地に多くハハコグサが見られるが、チチコグサは岐阜県側に多いとされている。

草餅、餅草といえば、一般にヨモギを思い浮かべられるはずで、ことに湖北の方々にはハハコグサをご存じない方々さえ多いはずである。

一般にヨモギは先住民族、アイヌ系と考えられる。これに対して、ハハコグサは大和朝廷系と一応考えてよい。

アイヌの人たちにとってヨモギは霊草であり、熊まつりには欠くことができない。伊吹ヨモギ、伊吹艾《もぐさ》で知られるように、まさに伊吹はヨモギの山である。伊吹のヨモギにもオトコヨモギ、イヌヨモギ、ヒメヨモギ、オオヨモギ、ヨモギと五種類もあるが、草餅に用いられるのはヨモギである。

一昨年、北海道、中国五台山の遊行に恵まれたが、いずれもみごとなオオヨモギの群落に接して驚き入ったことであった。

ヨモギは魔除けの霊草。それは決して観念的な伝承ではなく、防虫効果をはじめ、山ダニやマムシ除け、さらに今日ではアレルギー疾患の矯正にまで及んでいることを付記しておきたい。

姉川河岸から美濃紙の原料に

コウゾ

浅井町北学区の郷土学習の一行と共に福井の和紙の里を訪ね、紙すきの体験をした。和紙の主原料はコウゾ（楮）で、その工程も詳しく実演されており、とても参考になった。

コウゾは、産地や川岸などによく見られるクワ科の木本《もくほん》で、ことに伊吹山系を流れ下る姉川のほとりでは、大きくなったものもよく目に付く。戦後、洋紙の増産とともに和紙が姿をひそめると、コウゾの出荷も途絶え、忘れ去られるようになってしまったからである。

江戸の中期以降、姉川コウゾは全国的にも有名になった。この川岸で刈り取ったコウゾは、姉川の流れに浸してやわらかくし、これを引き揚げて荒皮をはぎ取り、天日に干して乾燥させた。これを背駄《せだ》につけ、品又《しなまた》の峠などを越えて、奥美濃へ運んだ。

美濃紙の原料として、特に高値で取り引きが行われた。甲津原の村人、特に多くの女性は、冬の間を紙すきに出かけた。昭和二十三（一九四八）年を最後にこの出稼ぎも終わった。幸いにも最後の美濃紙一丈は、私の宝物の一つとして大切に保存している。

コウゾは、カジの木とともに和紙の原料だが、一般に両方を区別せずカゾと呼ぶ人も多い。もともと落葉の低木で、四、五月頃、花をつける。花といっても、小さなまるい栗のイガのようなもので、九、十月の頃になると、やはりまるいイガ状の可愛い実をつける。

さて、美濃紙といわれるように奥美濃ではさかんに生産された。本来美濃の国であり、大垣藩への納入が義務付けられていた。ところが、大垣藩の金払いが悪いということで、ひそかに甲津原、吉槻から七曲峠を越えて、彦根藩領へ密売された。湖北一円に用いられた多くの和紙は、皆このルートによるもので、この習慣は明治まで続いていたという。

なお、この良質の美濃紙を大量に購入したのが鳥居本《とりいもと》（彦根市）の商家で、道中合羽《がっぱ》として全国にその名を知られることになったのである。鳥居本を訪ねて調べたのは、もう二十年近くも前だが…。

美濃紙の話が広がり過ぎたが、コウゾは薬用としても知られている。実は強壮、強精薬として、葉は不眠症の薬として、その効能が記されている。

やはりなかなか得難い

エンレイソウ

四月の声を聞いたとたんに、今年はもう桜が満開。なぜか例年よりもきれいだと思ったのですが、どうでしょうか。しかし、なぜか少し白っぽいような感じがするのですが。

さて先日、浅井町の木尾《きお》に出かけました。昔は田根荘と呼ばれたところです。木尾五山と呼ばれていたように、古いお寺がたくさんあったところです。大田田根子命《おおたたねこのみこと》（神話上の人物）が開いたところと伝えられています。

集落は西に面した扇状地にあり、その扇頂部の樹林帯が大尺寺の跡です。ここで思いがけなくエンレイソウの群がりに出会ったのです。この地が生んだ大先輩、松山外治郎先生もご存じではなかったようです。先日、近くの黒部の山あいでフジノマンネングサを採集しましたから、貴重な植物は各地に生き残っているのだなと、深く感動したことでした。

エンレイソウはユリ科の植物ですが、ユリの花のような植物ではありま

エンレイソウ

せん。めだたない森林などの日陰の、やや湿っぽい所に生える多年草です。エンレイと聞くといかにもあでやかな感じさえしますが、「延齢草」で、長寿の薬草ともいわれているのです。

『広辞苑』などを見ていただくと、絵なども入れて説明しているはずです。茎は二十~四十センチ。葉は卵状の菱形で、茎の先端部の一カ所から三枚の葉が広がってついています。花は四、五月頃、そのまん中から一個、一~二センチの軸の上に三枚の花びらがついています。褐紫色を帯びた、濃い緑色の目立たない小さな花です。

もちろん、伊吹山でも北尾根や樹林帯、谷あいなどで見ることができますが、他の薬草のように決してたくさんあるものではありません。延齢長寿とは、やはりなかなか得難いことなのでしょう。

白い花をつけるシロバナエンレイソウも各地に分布していますが、私はまだお目に掛かっていません。北大の寮歌にも詠まれています。

エンレイソウの実は食べられます。ことにアイヌではヤマソバと呼ぶようで、よく食べられると聞きました。

延齢草と聞くと、いかにもふるさとは中国かと感じられますが、中国で延齢草とはキクのことで、「エンレイソウ」の呼び名はどうやら古いアイヌ語らしいことが定説になっているようです。
なお、別名として、延年草、養老草があります。なかなか長寿は望みたくとも望めないことですが、せめてこんな野草に親しみをもっていただければ幸いです。

ウワミズザクラの
花が散って
カッコウが啼いて
お花畑は
やがて目覚める

コケの仲間

フジノマンネングサ

フジノマンネングサ。日本中部の高山（千〜二千五百メートル）の樹林に群落を作る。ただし容易に出逢うことは難しい。富士山と伊吹山、それに宮城御苑なら確実とのことである。ことに昭和天皇のお気に入りで、これを移植したとも伺っている。文字通りマンネン、万年のいのちをもつだけに、まさに幽玄の世界の植物である。

フジノマンネングサはコケの仲間である。伊吹百草の中で取り上げるのには、いささかためらいがあるが、草とは本来すべてを含むものである。コケとは木に生える毛、すなわち木毛から来たといわれている。

一般にコケと呼ばれているものは、厳密にいうと蘇類、苔類、コケではない地衣類に分けられる。ミズゴケは菊や蘭の栽培によく用いられ、モウセンゴケは食虫植物として知られているが、これは小さなピンクの花を咲かせ、実を結んで繁殖する立派な植物である。

コウヤノマンネングサ

コウヤノマンネングサ。山地の林によく見かけられるこの種は、長い地下茎の先から茎が立ち、五〜十センチの高さにもなる。茎には葉がまだらにつき、小さな鳥の羽根をいくつも集めたような感じになる。

ヒカリゴケ。伊吹の北尾根、曲谷の八畳岩の洞穴に見られるというヒカリゴケは、残念ながらまだ確認できていない。大きさは数ミリ。洞穴などに生えるコケで、原糸体が地をはう。一つひとつの細胞が珠形でレンズ状にふくらみ、洞穴内にさしこむ弱い光を集めるので光って見えるのである。

イチョウウキゴケ。池や沼の水田に発生する淡緑色の浮草のように思われる。時には赤みを帯びるが、イチョウの葉に似ていることからこの名がある。大きくなると二個に分裂して殖えていく。

ゼニゴケ、ジャゴケ。お宮の境内など樹木の下の湿地性のところに生えるゼニゴケやジャゴケの仲間は、びっしりと地表を掩うことが多い。

スギゴケ。一般にコケというとスギゴケの仲間を連想されることが多い。小さな杉の木の群生林のようにむらがり、五センチ位の高さに伸びて、じゅうたんのように拡がることが多い。苔の花といわれる、胞子をもった花のような細い柄のついた袋を並び立たせる。

京都西芳寺は苔寺とも呼ばれるように、その美しさは格別である。白っぽい黄緑色の苔はもりあがって見える。これはオキナゴケで、竜安寺などはスギゴケが美しい。庭園の美しさには、この苔が大きな役割を果たしているのである。

ことに小堀遠州ゆかりの孤篷庵をはじめ、茶道のわび、さびとも結びつく日本文化を支えているのが、この苔のなかまであることもうれしい。苔の美しさを見つけそれを愛した人、それが遠州公であろう。

君が代は千代に八千代にとあるが、苔はまさにその歌詞にふさわしい。凡そ植物の中で最も生命の長いのが苔であり、消え絶えたと思われた苔が百年二百年の後に再生するのは通常のことで、千年万年を経たものも珍しくないのである。その意味では、私たちは苔の前には頭が上がらない。これを機会に苔にも親しんでいただければ幸いである。

樹木礼讃

百年の木には　百年の花が咲き
百年の香りがある
百年の木には　百年の風格があり
百年の物語がある

マンサク

まっ黒にすすけ
節くれたったその手は
まさに山男だ
雪どけの水を汲み
燃え上がる焚火にかざす

その手のような
マンサクの花である

鳥も啼かず
山はまだ眠っているのに
先ず咲く花
マンサクは山男の花である

ウワミズザクラ

じっと耳をすませて
遠い山なみの向こうを
見つめてごらん

ほーら　あれが
カッコウの声だ
ウワミズザクラの花が
青い光にゆれている

ウワミズザクラの
花が散って
カッコウが啼いて
お花畑は
やがて目覚める

こぶし

こぶしは
天の花です
小鳥の歌です
青い空いったいに
夢がわき立つのです

こぶしは
天の詩です
春のリズムです
青い空いったいに
雲を飛ばせるのです

こぶしは
春の神様です
佐保神の祈りです

青い空いったいに
匂いが流れるのです

椽の木

この堂々たる
新芽の勢いはどうだ
力強く　たくましく

天に向かってそそり立つ

やわらかく　みずみずしく
羽化をはじめた蝶のように
はずかしげに色づいて
芽をふき　葉を拡げる

椽の木は男の木だ
椽の木こそ　男の中の男だ
椽の木を好きになれ
男の子も　女の子も

レンギョウ

ドレミファソ
れんぎょうは
春の鍵盤

ラシドレミ
れんぎょうは
春の足音

ドミミレファファ
れんぎょうは
黄色のリズム

ミミミラシド
れんぎょうと
いっしょに歌お

薬草考　その一

満山薬草香。伊吹山をくまなく歩き、伊吹山をこよなく愛した明治の植物学者、牧野富太郎先生の伊吹への讃辞です。

今日は薬草ブームの時代です。薬草茶、薬草湯、薬膳料理など、飽食と栄耀栄華が続くと、その華の永続を願って、洋の東西を問わず、このようなブームがやって来ることを歴史が物語ります。心を忘れた身体の薬が求められる時代といえましょう。

薬師如来は、一切衆生の病を救う仏とされていますが、救い難いのは心の病とされ、その妙薬は如来の薬壺の中にも入ってはいないようです。

薬の文字は、艸《くさ》を楽しむの意です。艸とは山野草、つまり大自然の意です。楽は巫女の振る鈴の象形で、楽しむとは合一する——一つに融け合うの意です。

釋尊がおいでになった頃のお話です。たくさんの弟子たちが「仏とは何か」と論じ合いました。黙って聞いていた釈尊は、傍らの華を拈んで大衆に示しました。呆然と人びとの見守る中で、摩《ま》訶《か》迦《か》葉《しょう》尊者《そんじゃ》のうなずくのを知った釈尊は、にっこりほほえんだと伝えています。これを拈《ねん》華《げ》微《み》笑《しょう》といいます。拈はつまむの意です。

また、拝するの拝は、花をつまみとるの象形文字です。

五個荘町（現東近江市）に、石馬寺《いしばじ》というお寺があります。昔聖徳太子が馬でおいでになった時、寺の門前で馬が倒れて石になったと伝えられ、山門左手の泉水の中に大きな石が沈んでいます。

この寺に教職員の研修会で訪ねましたおり、庫裡《くり》への廊下にこの「拈華微笑」の古額がかかげてありました。案内の坊守さんにおたずねしたら、住持が目下伏せっておりますので伺って参りましょうと引きかえされました。しばらく待つと坊守さんに支えられて、白髪の老僧が出て来て下さいました。ご病床にもかかわらずお顔に笑みをたたえて、「よく聞いて下さった、拙僧の冥土のみやげに…」と話して下さったのが、前述の物語です。


山野草のことごとくは、大自然の生命の象徴です。一本の草木はみな生命ある存在です。人間もまた、大自然から化生《けしょう》した生命ある存在です。

山野草に接し、大自然と合一する。それが楽の世界です。野草の生命との交流が生まれます。生命の尊さに目覚めることによって、拝む姿が生まれます。

野草にはそれぞれの姿があり、色と香りがあります。赤、白、青、黄。七夕の短冊はこれに黒が加わって五色になりますが、この黒こそ私の色、無明《むみょう》という人間の色です。野草と合一することによって、この黒は金色にかわります。色即是空の世界が開けるのです。それが薬効と呼ばれます。

薬草・百草の草は「霜《そう》」に通じます。霜とは草を蒸し焼きにして、出る煙を冷却してできるヤニ、あるいは煤《すす》を集めたものです。種油の煤を集めて作る墨もまた霜ということができましょう。霜の製法は古く、中国でもほとんど変わりませんし、漢方の貴重な薬品となっています。

私の子どもの頃、祖父がマムシを土瓶に入れ、一晩かかって庭で蒸し焼きにしました。翌朝、炭の塊のようになったマムシの残骸に、土瓶についた黒いヤニを削り落とし、薬研《やげん》で磨《す》りつぶして粉にしたものです。祖父はこれを宝物のように扱い、ほんの少しずつ毎晩飲んでいました。伊吹山麓の伝承の中にも、トリカブトやイカリソウの霜がやはり強壮剤として用いられていたらしいことがわかります。

姉川の上流曲谷《まがたに》には、円楽寺というお寺があり、ここに秘薬の伝承があります。「ある冬の夜、この寺に泊まった旅人が夜中にふと目覚めると、燃え残ったイロリの火の向こうで住持が土鍋をかかえるようにして何かをねっている様子。そっと伺って見ると、それは黒いどろりとしたもの。おそるおそる尋ねると『薬じゃ』とひと言、和尚のぶっきらぼうな返事。『その黒いものは』とかさねて尋ねると、和尚はフイと顔をあげた。『髪じゃ。若い女の髪じゃ』と、一瞬和尚がにっと笑ったような気がして、背すじにぞーっと寒気が走った。」との昔話です。漢方の秘薬「乱髪霜《らんぱつそう》」であることは確実のようですが、未婚の女性の髪となっています。

伊吹陀羅尼助（イブキダラニスケ）などと呼ぶまっ黒な胃腸薬は、キハダから作られます。

この木の皮をとって煮つめて乾燥したものです。また、キハダは乾燥して粉砕し、シキミ・クス・スギなどと共に、香としても用います。

打ち身、切り傷、刀傷よろず万病に効くという江州伊吹山のガマの油もまた、漢方薬の筆頭にあげられる猛毒薬です。かつて鳥居本の六《ろく》神丸《しんがん》は、このガマの油によったと伝えられますが、今日では中国から輸入するセンソによっているようです。ガマの出す油は、微量が目に入ると二十四時間内に完全に失明するとのことですが、これも高貴薬中の随一に数えられているのです。毒と薬、これは本来一つのものかもしれません。

夏の草木

明るい広々とした処は好まず

サンカヨウ

カッコウが鳴きはじめる頃になると、山はいっせいに緑に掩われる。山深く分け入って木立ちの間をぬけ、谷の水音などを聞きながら進むうちに、ところどころ地肌の見える、ほっとするような空間がある。そんなところは、きまって何かけものの足跡などがたしかめられたりする。イノシシか、シカか、あるいはカモシカではないかと詮索をはじめる。仲間があればすぐに呼び寄せるところだが、独りの時は、やむなくあたりに腰をすえてポケットの煙草を取り出す。

新緑の木々の間のあかるい空を見上げる。そんなとき、ふと木立の繁みの間に目につくのが、サンカヨウの花である。

やや黄味を帯びた大きな葉にくっつくように、短い花軸の先に小さな純白の花をつける。花の大きさは一センチ内外、真っ白で清楚なこの花の美しさは、幻想の世界にさそわれるような魅力さえ感じさせる。

サンカヨウ

あかるい広々とした処は、彼女の好むところではないとみえて、サンカヨウの咲くのは木陰のひんやりとした空気のあたり、丈の高い笹原のかげなどである。耳をすますと小さな谷川の音が聞こえたり、何か新樹の香りがただようあたりであったりする。

サンカヨウはメギの仲間、つまりイカリソウの同類である。深山に生える多年草で、北方系の植物といわれる。みずみずしい茎は一株に一本、茎には普通二、三枚の葉がつく。大型のものは背丈が四十センチにも達する。大きな手のひらのような葉には、いくつかの出っぱりがある。花びらは六枚、おしべも六本。このおしべの黄色が鮮やかで、中央のめしべは濃い緑紫色。すばらしい色感である。

秋になると、これがまた黒みがかった藍色のまあるい実をつける。甘酸っぱいこの実の味わいもまた魅力的である。

「八角盤《はっかくばん》山《さん》荷《か》葉《よう》唐《とう》婆《ば》鏡《きょう》」とは本草学者飯沼欲斎の『さく葉《よう》目録伊吹山舒《じょ》州《しゅう》鬼《き》旧《きゅう》』にかかげられている。サンカヨウは漢名の山荷葉とは別種との事である。この葉の形から、古墳などから発掘される宝鏡を連想されたのであろうか。

サンカヨウは長寿草であると聞くが、漢方の薬草の中にはそれがみられない。とすれば昔からこの花の美しさにひかれて、ひそかに思いをよせた人があったにちがいない。

夏が近づくと目につく白い花

クサギ、リョウブ

リョウブ

夏が近づく頃になると、クサギやリョウブの花がよく目につく。平地の林やヤブかげなどに多く見られるのがクサギで、リョウブはやや山麓近くといったところであろうか。

クサギは名の通り特有の匂いがする。花は案外いい香りだと思うのだが。花はいくつかが集まった房状なので、かたまって見える。ガクは五裂して赤味を帯びる。おしべ四本にめしべは一本。花が白っぽいのでよく見ればなかなか味のある花である。実は六、七ミリ、青色に熟する。草木染めの染料としてよく用いられ、地味な青みのある灰色が好まれる。

一方リョウブは、東アジア・北アメリカにも自生し、日本では北海道から九州まで全土に自生している。ヤマボウシと同様、ことに箱根山に多いと言われる。クサギよりやや遅れて白い花をつける。花はやや垂れ気味で、案外美しい。庭木としても用いられている。木膚がなめらかで美しいこと

クサギ

から、丸太のままで磨いて床柱に用いたり、一方、盆や茶器などにも広く使われている。辞典には、「令法」とあり、古名は「畑っ守」とある。
いずれも若葉を食用とし、葉をゆがいて刻み、飯に混ぜて食べる。ゆでたものを乾燥しておけば年中用いられる。戦時中の食糧難の頃の田舎では常識でもあったから、よくご存じのことと思う。
筆者は、伊吹町甲津原分校の勤務中リョウヴ・クサギを米に混ぜ一週間常食として実験してみた。みごと四日目には糞はウサギのようなころころとしたものとなりお尻を拭う必要がなくなった。

伊吹の初夏　三合目高屋のあたり

カッコウの声に誘われて山を登る。遠い谷間からホトトギスも聞こえてくる。足もとの低木の繁みからのウグイスの笹鳴きに思わず立ち止まる。見上げる壮大な伊吹の山容。その緑の山肌がいっせいになだれ落ちて来るようにさえ感じられて、いつのまにか身も心も染まり切ってしまう。

あんなところに朴《ほお》の木があったのか。谷間に点々と白くみえるのは、あの豪華な大輪の花だ。孫の誕生にあやかって泰山木《たいさんぼく》の苗を屋敷に植えたが、今年はじめて花をつけた。

マユミはもう小さな実をふくらませはじめている。大きく枝を拡げて、すずなりということばにふさわしく白い花をぶら下げるのはエゴの木である。この果肉は毒性が強いのでこれをつぶして谷に流し、イワナやアマゴをとったという。

年々歳々花相似たり
　歳々年々人同じからず

そんな感慨にひたりながら、別れた友や、山で出逢った人たちの不思議なつながりを思いおこす。先日、私が出演した日本百名山のテレビ放送を見たという電話が、豊田、京都、広島からかかってきた。ついでアメリカからもテレビを見たとの便りが届いた。木や草花がとりもつ不思議な縁である。

年々歳々花相似たりというが、決してそうでもない。かつてここでみごとな群落に出逢ったと捜してみても、数年もたつとすっかりなくなっている事もあれば、たくさん花をつけていた木が、花を失っていたりする。もちろん道がつけられたり、造成の工事などがあれば当然のことで、これも案外多いものである。

ウワミズザクラの実がもうほんのりと色をつけている。吉槻の桂はもう花が終わったろう。甲津原の橡《とち》の木は小さな実をつけているかもしれない。曲谷《まがたに》の起し又や寺どこの夏つばき（サラノ木）は今年もたくさん花をつけたろうかと、山脈のむこうまで思いを馳せる。

ホテルのあたりのみごとなユウスゲの群落。高屋の砦あとに向かうあたりにはワレモコウが咲き、キジムシロが黄色い花をつけ、イブキジャコウソウが芳香を放っている。

この高屋の砦を築いた京極道誉《どうよ》の弟五郎貞満は、三十歳そこそこで静岡の手越《てごし》河原で戦死したという。六百年も昔の話である。先日思い切って静岡を訪ねた。古戦場のあたりは一帯が住宅地で、川原を確かめることもむずかしかったが、禅宗のお寺やお宮の境内で思いがけず樒《しきみ》、榧《かや》、樟《くす》の木の大木に出逢った。いずれも樹齢千年と思われるものであった。貞満を知る人はなかったが、大木がすべてを物語ってくれている思いがした。川原の中心部の東林寺では、手越灸《きゅう》の施療が行われていた。しかも灸には伊吹艾《もぐさ》が用いられていた。駿府《すんぷ》の御殿医をつとめ、先祖代々伊吹艾だと聞くに及んで、その不思議な縁に感動したことであった。

ぬけるような青さ

リンドウ

空の青さに心をひかれる頃になると、リンドウ（龍膽《りんどう》）の花が恋しくなる。山路をたどりながら、ふと気付いて立ち止まる。ぬけるような青さが一瞬体の中を駆けぬける。花といえば可憐な女性を思わせるものが多いのに、リンドウには青年の印象が強いと思うのだが、これは私のひとりよがりだろうか。

紺碧《こんぺき》という言葉があるが、リンドウのそれはまさにこの語にふさわしいと思う。それにしてもどうして龍膽の文字を与えたのだろう。古歌にはリュウタンとよまれたという。「本草和名」にはエヤミグサ、ニガナとあり、疫病草の意であるらしい。漢名の龍膽は、この根が龍の膽《きも》のように苦いという意味であろう。

中国には「光蓴青蘭」と書くムシャリンドウと呼ぶ植物がある。これはシソ科でリンドウとは別種だが、ギリシャ語ではｄｒａｇｏｎ文字が見え、

リンドウ

中国東北部、ロシア国境を流れるアルグン川に因んだものという。
山上憶良《やまのうえのおくら》の秋の七草にはとりあげられていないが、色も形も古くから愛されていたものと思われる。源氏の紋の「竜胆《りんどう》」は、この図案化である。花は昼間開いて夜になると弁を閉じる。「龍膽《りんどう》」は枕草子や源氏物語にもとりあげられている。家紋が登場するのは中世以降との事であるが、ササリンドウなどと呼ばれる家紋は案外よく見かけられる。
伊吹の山頂近く咲くリンドウは、さすがやや小ぶりで、色がやや濃いように感じる。私の子どもの頃には、山麓のあちこちの道端にも咲いていた。じいさんは「リンドウはむやみに取るな」と教えた。リンドウがひとりもんじゃからということであったが、ついぞこの意味をただすことがなかった。リンドウの「りん」は龍《りゅう》、「どう」は膽吹山（「日本書紀」での伊吹山の表記）の膽《い》じゃと教えてくれた。火鉢の灰の上に何度も書いて覚えさせられたむつかしい漢字として、頭の中にこびりついている。
春リンドウ、フデリンドウは小型の春の花で、これはまたやたらにかわいらしい。近年世話をしてもらったおかげで、三合目にはあちこちで咲きはじめた。

センブリもリンドウの仲間で、この苦さは格別であるが、これが毛生え薬に最高だとは最近になって知った。今となっては残念ながら苦い思いを味わうだけである。

「良薬口に苦し」というが、おもしろい言葉であると思う。熊の胃は苦いものの代表とされるが、リンドウは竜だからもっと苦かろう。もう少し苦い思いを、苦労をしなければ本当のものが生まれ、育たないのではないかと、自分に苦言をかみしめるこの頃である。

孤高

秋が深くなると
花の色はいっそう冴え
冷たくなった風の中で
凛として咲く
孤高という言葉にふさわしい
そんなリンドウのような
生き方をしたいと思う

お花畑の王者

クガイソウ、ルリトラノオ

梅雨がようやく終わりに近づく頃になると、伊吹山はいっせいに高山性の植物が花をつけはじめる。黄、青、赤、白。まさに百花繚乱の言葉にふさわしい。

それぞれの色は、地、水、火、風をあらわし大自然を象徴する。いうなれば、その大自然がそれぞれの色となってあらわれる。

役行者《えんのぎょうじゃ》がここに足をとどめ、泰澄・三修が山寺を開き、修験者の聖地となったこととも深いかかわりがありそうである。

神様や仏様がいるとすれば、

きっとこのお花畑の中です。

花は私たちにそれぞれの生きざまを問いかけているのではなかろうか。

おそらく山頂一帯に展開するお花畑の中に立って、誰もがその花の美しさに驚き、自然の不思議さに敬虔な思いを抱くことであろう。お花畑とい

クガイソウ

う通俗的なことばも、実は、本来聖なることばであったのである。

古図によると、この山頂一帯を「蓮上」と記している。「蓮のうてな」の意であり、覚りの世界を意味する。お花畑の意味はどうやらそんな深いところにありそうに思える。

お花畑は決して山頂部ばかりではない。場所によって趣もちがえば、もちろん季節によっても花の種が異なることは当然である。八月の夏のお花畑は、まさに絢爛《けんらん》の一言に尽きる。その点、誰にでも親しみ愛されることであろう。ただ、度重ねて足を運ぶことによって、まったくちがったお花畑に出逢うことを、ぜひ知ってもらいたい。

今ひとつは、夏のお花畑は少なくとも三、四十センチから一メートル近い背丈をもつ植物の群生で、いわば見ばえのする植物である。このような大型の植物のかげに、あるいは岩場に身をひそめるように咲いている花にも目を向けてほしい。わずか十センチにも満たないコバノミミナグサやイブキコゴメグサなどは、つい見落としがちである。

お花畑の中の王者に、クガイソウとルリトラノオがある。どちらも紺青の花穂をつける。クガイソウはゴマノハグサ科で、花が輪のようにつき、

ルリトラノオ

階段状につくことから九階草とも呼ばれる。九階は仏教の九界を意味するのかもしれない。ルリトラノオはタデ科で、花はやや赤紫色、花穂も心持ち太いので区別できる。もっとも、葉の付き方がちがっている。

トラノオの仲間のイブキトラノオは、伊吹山の代表的な植物、ハルトラノオは奥伊吹、オカトラノオ、ヌマトラノオは山麓各地で見られる。これは文字通り「虎の尾」であろうか。近年、栽培種で花屋などに並んでいるもののなかには、ピンク色のものも見かけられる。

厳しい伊吹の大自然の摂理の中で、それぞれの花がそれぞれ個性豊かに咲き誇る。

掬水月在手　弄花香満衣

（水を掬《きく》すれば月　手に在り　花を弄《ろう》すれば香は衣に満つ

唐の詩人・于良史《うりょうし》の「春山夜月」の一節）

夏のお花畑を訪れることは、諸仏に出逢うことであるとする行者の心に、少しでも近づきたいところである。

ヨーロッパ原産の牧草の一種

キバナノレンリソウ

伊吹山はもう夏の粧いである。山が晴れていればカッコウの声がこだまし、雨もようであるなら、ホトトギスを間近に聞くはずである。

雪の少なかった冬のせいか山はさすがに春のおとずれが早く、灌木《かんぼく》の芽生えもお花畑も一気に初夏のたたずまいを見せる。やわらかな緑があちこちにむらがり、イチリンソウやニリンソウの群落が、さながら白いじゅうたんを延べたように、山頂から八合目あたりまでをおおいつくす。

やがてキジムシロが黄色い花をつけはじめ、山は白から黄にその彩りをかえる。キジムシロは露出した岩肌などに多いのに反して、キバナノレンリソウは可憐な花を緑の草むらの中につけはじめる。

千二百種をこえる伊吹の植物の中で、キバナノレンリソウは特異な存在である。「レンリ」とは憐離で、別れを惜しむ意であるとか、レンリとは令人の意で、貴族のいただく冠にこの花が似ているところから名付けたの

キバナノレンリソウ

だという。しかし、ほかにイブキレイジンソウ（特産種）があり、この話はうなづきかねる。

天正の頃、織田信長がポルトガルの宣教師に命じ、伊吹山に五町歩の薬草園を開かせ薬草を植えさせたという。それが事実なら、四百年の歳月を経たとはいえ何か薬草が残っていてもよさそうだが、そんな薬草はまったく見つからないのである。

ところがキバナノレンリソウはヨーロッパの原産で牧草の一種とされる。他に同種のイブキノエンドウ、イネ科のイブキカモジグサがあり、この三種は伊吹山の特産種である。

信長の薬草園の位置はどこか。山頂か三合目か結論はむつかしい。キバナノレンリソウは一合目から山頂にかけて分布する。種子が山頂から拡がったとはすなおにうなづけるが、伊吹山では常に山麓から山頂へ風が吹きあげており、少なからず動植物の分布に特殊性を与えているといわれている。そのほか登山者にともなって運ばれる可能性もあろう。やはり容易に結論は出せないことになる。

信長が薬草園を開いたこと自体疑問がおこる。信長の性格や生涯を知る限り、いかにも不自然に思えてならない。そこで薬とは何かと考えてみたい。なるほどクスリと読めば医薬品だが、ヤクと読めば火薬となろう。一五六〇年桶狭間《おけはざま》の戦いに大勝して以来、信長の脳裏を片時も離れなかったのは火薬の入手であったにちがいない。硝石《しょうせき》をもたない我が国では当時黒色火薬を作ることが何よりの課題であったはずである。

黒色火薬の製造に最も利用されたのは動物の死骸であり、人体であったといわれている。これらのカリ分を多く含む植物を焼いて作る灰が、黒色火薬製造の役割を果たしたとすれば、キバナノレンリソウの意味は極めて重大である。

それにしても薬草園を信長に開かせた人物を私なりに想像する。それはいうまでもなく近江の国の守護に任じられた佐々木氏、のちここの山に砦を築いた京極氏の一族である。上平寺城に京極高清が没して以来さまざま政変戦乱が相ついだが、高吉―高次ともにキリシタンであり、西欧の文化にいち早く目覚めた人々であったことと無縁ではないと思うのである。

初夏の頃から秋にかけて、伊吹山のどこにでもみかけられるキバナノレンリソウ、その謎は容易に解けそうにには思えないのである。

伊吹山の夫を追った女の悲話

キンバイソウ

伊吹山の夏は短い。七月の下旬からわずか二週間あまりで、山頂付近にはもう秋風が立つ。夏のお花畑の美しさは、たしかに夏の短いことが要因であろう。山を訪れた人でなければこの美しさはちょっと理解できない。「お花畑」と呼んだ昔の人々は、おそらく山と神のやどるところ、超自然的な聖地と受けとめていたのではなかろうか。記紀の神話をはじめ、伝説や民俗がそれを裏づける。

伊吹は石灰岩質という特殊な地質と激しい気象の変化、ことに冬には日本海から吹きつける寒い季節風に加えて、積雪の日本記録を持つ山である。こうした厳しい自然条件が、みごとなお花畑を見せるとなれば、何か人生というものを教えられ、今日の世相を憂えざるを得なくなるのである。

お花畑を代表するキンバイソウはキンポウゲ科の植物で、伊吹山を南限とする。南金色に輝く中輪の花はちょうどタンポポくらいの大きさである。

キンバイソウ

「金梅草」あるいは「金盃草」という。つまり金の盃《さかずき》の意である。

キンバイソウにはこんな悲話が伝えられる。

三修上人によって開かれたという伊吹山寺は、やがて修験の霊場として栄え、伊吹は日本七高山の一つに数えられる。

さて、京の都に仲むつまじい公家の若夫婦があった。ところがどうしたことか、ある日、匆然として夫が姿を消した。若い妻は必死になって捜し求めたが、遂に行方をさぐることは出来なかったという。

もはやこの上は出家得度してと心に決めた折しも、夫は修験の道に入ったという風のたより。しかもそれは江州伊吹の山ではないかという。躍り上らんばかりに喜んだ女は、京をあとに湖畔の道を走りに走った。漸く麓に辿り着くや、休むのももどかしく山を登りはじめる。

お山は言うまでもなく女人禁制《にょにんきんぜい》。ようやくかこみをぬけて馬場《ばんば》を後にしたが、修験の山の掟は女を許すことはなかった。八合目に近づくや、一天にわかにかき曇り、冷たい雨や風が、情容赦もなく女に襲いかかった。せめてひと目わが夫《つま》にとの悲願もむなしく、山は鳴動し、烈風は遂に女を阿弥陀が崩れの幽谷に突き墜《おと》した。

女がその瞬間までしがみついていたという大岩が、けわしい五本の条痕《こん》を残して八合目に今も残っている。登山道の傍である。

女の一念が山頂に花となって咲いたという。それがキンバイソウであると言い伝えている。

日本武尊の怨念の花？

トリカブト

伊吹山の秋は駆け足でやって来る。

お盆をすぎる頃になると、お花畑の粧《よそお》いは一変する。シモツケソウのあかるい淡紅色も、メタカラコウの濃い黄色もほとんどみられなくなる。夏の華やいだ彩りにかわって、白い穂状のサラシナショウマが山肌をうずめる。風に波打つ雄大な山容の美しさは、さながら壮大な海原をも思わせる。

登山客や車のさわがしさも遠のいて、山もほっと息をついているかのようで、朝夕はめっきり肌寒さを覚える。サラシナショウマの群落は、山の霊気を感じさせるに充分である。濃い群青《ぐんじょう》のトリカブトの花は、そんな霊気の中でいよいよその青さを増すかに思われる。

独り毅然《きぜん》として立ち、みだりに妥協《だきょう》を許さない。深い哲理への思索をさそいかける。トリカブトはそんな花である。

日本武尊が東征を終えて尾張の宮簀《みやず》姫のもとに身を寄せるが、やがて伊

トリカブト

吹の荒れる神の征伐にむかう。尊《みこと》は白いイノシシに出逢うが、これにとりあわず進むと、まもなく山の神の毒気にあてられて進退もままならなくなる。漸く山麓に井醒《いざめ》の水を得て意識をとりもどすが、遂に尊は伊勢の野煩《のぼ》野《の》でその生涯を閉じたといわれる。

記紀にみえる尊の遭難には、宮簀姫のもとに草薙《くさなぎ》の剣をおいて出達したことをはじめ、疑問は数多いが、それぞれの記録からおしてこれはあきらかに戦闘における手負いの事実を語るものであろう。尊の命を奪ったものはイブキのトリカブトであったにちがいない。

トリカブトは猛毒の植物であり、地下の塊根にアルカロイドを含む。先住民族が鏃《やじり》の先につけて獣を倒したり、戦闘に用いたことは周知のことであろう。伊吹が夷服、つまり夷族の征服であるとすれば、単なる想像と捨て去ることは出来ない。

古代史の英雄　日本武尊

イブキトリカブトは日本武尊の怨念の花であるのかもしれない。

伝日本武尊遭難地

日本武尊悼歌

黄昏《たそが》るれど
渓霧《たにき》らひ
星辰《ほし》泯《ほろ》びて
いよよ
黙《もだ》深し

たけだけし
十有五歳《とまりいつとせ》
慟哭《おとこな》きたまふ
あはれ
宮簀姫

とりかぶと
嶺にさ青みて

はしけやし
吾家《わぎへ》
大和路ゆ

最もひかえめな花

イブキジャコウソウ

　山頂をわたる風もひましに快く、ごくまれにすばらしく晴れわたる日がある。短い夏にそなえてお花畑はいっせいにその粧いをこらしはじめる。伊吹山は石灰岩の山で、あちこちに岩場が露出する。そんな岩場のわずかな場所をさがして、イブキジャコウソウはピンクの花をつける。三合目のあたりでは、五月の終わりともなるともう咲きはじめるのだが。

　蔵ノ内の断崖、三合目ホテルに近いヤマトタケルの祠《ほこら》のあたり、登山道八、九合目の岩場、平等岩、手掛岩、三ツ頭、山頂東南のアミダガ崩れ付近がその群生地である。

　イブキジャコウソウは伊吹の数多くの植物の中でも最もひかえめの花で、夏のにぎやかなお花畑の頃にはもう花の盛りを終わっている。近年あちこちの住宅の垣根などに栽培されているシバザクラを小型にしたような花である。

イブキジャコウソウ

ところで、イブキジャコウソウは分類上小低木の仲間で、草とは言わない。イワナシやコケモモも小低木である。戦前に子ども時代を過ごした方なら、イワナシやコケモモを懐かしく思い出していただけようが、イブキジャコウソウには残念ながら食べられるような実がならない。

茎は細くつるのように地表をはい、多くの枝にわかれて広がる。枝には短い毛があり卵型の小さな葉をたくさんつけ、十センチ内外の花穂を持ちあげる。薄いピンクの唇形花《しんけいか》と花穂にむらがって咲かせるので、実に可憐で美しい。ジャコウソウの名が示すように、全体に香気があり、ふるくから薬草としても珍重されている。ヨーロッパ原産のタチジャコウソウは、香料として栽培されている。

ジャコウソウはちょっと不思議な花で、岩場に咲いていてもそれほど匂いを感じない。人やけものが通ると芳香が強くなるといわれるのだが、たしかに花を摘んだり、小枝をとったりするとたちまち香があたりにただよう。ジャコウソウの愛らしさ、親しみはこんなところにもあってうれしい。

伊吹山はかって修験の霊山として伊吹山寺が開かれ、多くの山伏が抖藪《とそう》にあけくれたといわれるが、イブキジャコウソウの群生地は修験の聖地でもある。伊吹の歴史と相まって何か深いかかわりでも証明できればおもしろいと考えている。

イブキ○○とイブキを冠する植物が約二十四種もあるが、イブキジャコウソウはまさにその代表的存在であることにまちがいはない。

伊吹山といえばいぶき艾

ヨモギ

かくとだにえやは伊吹のさしも草　さしも知らじな燃ゆる思ひを
実方朝臣《さねかたあそん》（後拾遺集）

伊吹山といえば「いぶき艾《もぐさ》」、あるいはこの歌がすぐ口ずさまれる。もぐさはヨモギから精製される。よもぎの葉の裏につく細かな綿毛を集めたものがもぐさである。

『近江輿地志略』の伊吹山占治原《しめじがはら》の項に、「三朱沙門菜《さい》を取りて指卜《ゆびさす》、其菜変じて蓬艾《よもぎ》となり原に満ちて繁茂す。一切衆原蓬艾《しめじがはらさしもぐさ》とは此謂也云々と。」とあり、山岳仏教、ことに伊吹四大護国寺とも深くかかわっている。

晩秋の山肌をうずめ尽くし、さながら大海原のように大きなうねりをみせる穂薄《ほすすき》にまじって、オオヨモギもまたみごとな花穂のうねりを見せる。ヨモギは路傍のどこにでも見られるキク科の雑草で、その種類も多い。カワラヨモギ、オトコヨモギ、ムカシヨモギなど四、五種類くらいは平地で

ヨモギ

も数えられる。

イブキヨモギと呼ばれるこの大型のヨモギは山頂近くに多く、背丈を越すものがある。北方系高地性の種で葉も大きく、葉裏の綿毛も多い。香りが高く薬効も多いといわれていて、江戸も末期には山麓上野では石臼をまわしてもぐさの生産が行われ、北国脇往還春照《すいじょう》の宿にはもぐさを商う店が数軒あったことが伝えられている。

中山道柏原宿の亀屋左京が新しい商法によって一躍伊吹艾を全国的なものとしたのは文化・文政の頃であろうか。一方、上草野・野瀬でも古くから生産販売が行われ、その伝統を継いで新製品の開発はもちろん、灸治療法は世界的に広まりつつある。

さてヨモギの謎に迫ってみよう。アイヌの熊祭りに欠くことの出来ないのはヨモギである。ヨモギは悪霊を払う霊力をもった草であり、この煙を身に浴びる。奥伊吹の秘境甲津原では五月の節句に軒にヨモギを挿した。アイヌの民家では今日でも入口や窓にヨモギがかざられており、この風習は広く奥美濃一帯に認められる。

香煙を浴びて悪霊を払い、再生を願う修験道の柴灯《さいとう》護摩《ごま》、各地の仏閣でみられる線香の煙をまねいて患部をさする善男善女の参拝の風景も、果たしてアイヌの習慣、もぐさに火を点《てん》じて身を焼く灸治と無縁なのであろうか。

蓬莱山《ほうらいさん》は仙人の住むところ、不老長寿の世界であり、七福神はここから宝舟に乗ってやって来る。つまり蓬の国なのである。

健康茶として、入浴剤として近年人気を集めている一方、草木染にも欠かすことが出来ない。また春の草餅の色であるヨモギは、まさにふるさと色であり香りでもある。晩秋の伊吹の蓬が原に、ぜひ立たれることを望んで止まない。

女性的なかわいさ

フウロウソウ

伊吹山は石灰岩の山です。岩場を歩くうちにふと高い香りに気づきます。靴に踏まれたジャコウソウが芳香を放ちはじめたのです。そんな岩場の、ほんの小さなすきまに根をおろして、淡い小さなピンクの花をつけるのがヒメフウロウです。ヒメフウロウは石灰岩地を好む植物で、伊吹山はもちろん、山麓あちこちの石灰岩地で見られます。

ヒメフウロウはヨーロッパの原産といわれ、奈良や四国のものは伊吹からわたったものとされているのです。

ヒメフウロウも特有の匂いがあり、それが塩を焼く匂いに似ていることから、塩焼草《しおやきそう》ともいわれます。葉は細かく分かれていて薄く、茎は紅紫色、全体に細かい毛に掩われていて神経質といった感じですが、ゲンノショウコの五倍もきく薬草だといわれます。

グンナイフウロウは、大型で紫がかった紅色の花をつけます。白いモヘ

フウロウソウ

アのショールをまとったようなグンナイフウロウ、朝露を宿した姿から「風露」の名が生まれたともいわれます。山頂付近に多いこの花は、夏のお花畑の季節のさきがけをつとめるのです。

エゾフウロ、ハクサンフウロは共にピンクのかわいい花をつけます。これらはみな北方系の植物で、伊吹山は南限地とされています。

女性的なかわいさが好まれるのか、フウロウソウをめあてに来る人があります。

ご存じゲンノショウコもフウロウソウの仲間、どこでも見かけられる薬草の代表です。腹痛・下痢なら煎じて飲めば一晩でケロリと治る。これが「現の証拠」だとは古老の話。花は白とピンクが多く、北海道には黄色のものがあるということですが、私はまだ見たことがありません。

イブキフウロウは伊吹山の特産、花はピンクで五枚の花びら。花びらには山形の切れ込みがあって、とてもかわいいのです。

人生にはさまざまの出逢いがあります。

野草との出逢い

そんな出逢いを大切にしてみませんか。

清楚な風情で一役を演じる

イブキトラノオ

夏のお花畑にさきがけて咲きはじめるイブキトラノオは、細長い花柄の先に円柱状の白い花穂をつけます。花穂にはたくさんの小さな花が群がっているように見えます。

花の期間が長いので、お花畑のピークの頃には清楚な風情で一役を演じます。タデ科の植物で花弁がありません。花のように見えるのは五裂した萼片《がく》です。山頂付近の場所によって、ややピンクがかった太めの花を見ることがあります。

エゾイブキトラノオは高山植物で、白山以北の高山に自生し淡紅色の穂をつけます。これにもイブキの名が冠されていることから、ひそかに誇りに思っているところです。

ところで、伊吹山で古くからトラノオと呼ばれていたのは、この種ではなかったのです。地元の人たちは、ルリトラノオやクガイソウをトラノオ

イブキトラノオ

と呼んでいたのです。青か、やや青紫色のルリトラノオやクガイソウは、お花畑の主役を演ずる植物です。どこかで呼び名がまちがったとも考えられますが、虎の尾とするなら、やはりルリトラノオの方がぴったりの感じがします。

ハルトラノオは花穂が長く伸びず、地表近くに花をつけます。春のはじめ、マンサクやダンコウバイが咲く頃になると、いち早く花を咲かせます。奥伊吹の峡谷のあちこちで見られますし、甲津原では入母屋《いりもや》造りの家々の裏側、半日陰の川のほとりや土手に群生します。

オカトラノオはサクラソウの仲間で、日当たりのよい山地に花穂をかたむけて咲きます。ヌマトラノオは沼や湿地に生え、花穂はまっすぐに立ちます。伊吹山の三合目から山麓にかけてオカトラノオが、山麓の湿地にはヌマトラノオが見られます。

ところで、動物の名のつけられた植物をさがしてみましたら、予想外にたくさんありましたので、思いつくままに並べてみます。

シシウド　クマザサ　サルトリイバラ　ウサギギク　ウシハコベ
タヌキラン　イヌノフグリ　キツネノカミソリ　ネコノメソウ
イタチササゲ　ウマノアシガタ　ウシノシッペイ　クマツヅラ
アリドウシ　エゾクワガタ　キリンソウ　リュウノウギク
こうして拾いあげてみるとなかなかおもしろいもので、楽しくなってきます。

「私も紅くなりたい」

ワレモコウ

伊吹山のお花畑といえば、きらびやかではないにしても、絢爛ということばを使いたくなるほど、あでやかな印象が深い。シモツケソウやメタカラコウ、タムラソウ、シシウドなど、どうしても色鮮やかな大型の花がとりあげられよう。ワレモコウなどの目立たないものに気づく人は少ないものと思われる。

ワレモコウはみずみずしさを感じさせる花ではない。老いて枯れた精霊をも思わせる清楚な花である。控えめな細い葉は、うっかりすると見落としかねない。一般にバラ科といえばあかるい、大型を連想しやすいが、これはまったく意外にさえ思える。しかし花穂のつくりは小さな粒がいくつもついていて、思わず唇にもっていきそうである。

子どもの頃「ちちばな」と呼んだことがあるが、この花穂のドングリのようなかわいらしさが、またこのつぶつぶが母親の乳首に似ていることか

ワレモコウ

らついたものと思われる。もっともふくよかな、みずみずしい乳房でないことが惜しまれるが。

お盆が近づくと川戸谷《かわとだに》から上平寺《じょうへいじ》峠をこえて伊吹山へお花を取りに出かけた。キンバイソウやシモツケソウなど、きれいな色にひかれて取って帰っても、家へ帰りつくまでにはしおれることが多かったが、ワレモコウだけはしゃんとしていてよろこばれた。この清楚な花は、いかにも伊吹山の花らしく、盆花といえばすぐワレモコウを連想したものであった。

ワレモコウは漢字で表記すると吾亦紅で、「わたしも紅くなりたい」といっているんだと、子どものころ姉から教えられた。この姉は三十五歳で癌のため早逝したが、この吾亦紅が好きであった。長姉は七十三歳で亡くなったが、その二年前には元気に登山をやってのけ、当時の新聞にも話題となった。病床にありながら、元気になってもう一度山に登りたいとつぶやいていた。おそらくお花畑を夢見ていたのではなかろうか。なお私の下の妹は、この花をみることなく去っていった。

花ことばをくってみたら「愛慕」とあった。吾亦紅によせる思いはひとり私だけのものではなかった。一輪の野草に出逢うこともまた、ふしぎな出逢いであることを痛感するこの頃である。つい先日長姉の七回忌をつとめた。

釈迦十大弟子の一人にちなむ

ミョウガ

日本全土に自生するミョウガ（茗荷）は、正倉院の「本草和名《ほんぞうわみょう》」ではメガと呼ばれている。語源説によると、メガ（妹香）でセウガに対することばであるという。メは女性、セは背で男性の意味である。中国でも古い文献に記されているが、今日では見られないとのこと。欧米にも栽培例がなく、まさに日本独特の香辛野菜である。

伊吹山麓の一帯には、かなり自生種が見られる。葉は二、三十センチ、高さは五十～七十センチもある。赤紫色の包片を幾重にもつけた、花の出ない苞《ほう》を主としてミョウガ、ハナミョウガと呼ぶ。茎の若いものを「ミョウガタケ」という。共に芳香に富み、食用にする。甲津原では、「まごころ漬」という名でミョウガの粕漬を特産品として出荷しているが、これは栽培種である。

花は淡黄色で一日でしぼむ。三つに分かれた花冠と、唇のようなみごとな花をつける。ほの暗い木かげの地表にそのむらがりを見たりすると、ふと妖しい感じにうたれたりする。

ミョウガを食べると物忘れがひどくなるという。落語にも、宿屋の主人が旅人にミョウガを食べさせ、預かった大金入りの財布を忘れさせようと、夕と朝にミョウガ料理を調えた。旅人を送り出したあと、気がついたら旅人の財布はなく、宿賃をもらうのを忘れていたという愉快な話がある。

釈迦の弟子に周梨槃特《しゅりはんどく》という人がいた。自分の名前をも忘れるというので、名前を書いた札を首にかけさせていたという。槃特が葬られた墓から名も知らぬ花が生えたので、槃特に因んで名を荷《にな》ったところから茗荷の名が生まれたという。

釈迦は、経典を読むこともできない槃特に庭の掃除を命じた。槃特はそれこそ雨の日も風の日も庭の掃除に明け暮れた。やがて槃特のまわりには、法を聞く僧が集まりはじめたという。後に釈迦の十大弟子の一人に数えられることになる。

障害児教育に生涯を捧げられた田村一二《いちじ》氏は、槃特に深く心をよせられた。石山・近江学園を通しての茗荷堂は先生の研究室であり、職員も子どもたちもそこにたむろした。私もまたその薫陶を受けた一人である。

刺し身のツマに薬味として古くから用いられたことから、古記録にもみえる。茗荷は一方では解毒、胃腸薬、鎮痛、汗疹《かんしん》等に効能を持つ薬草でもある。

この若葉で包んだだんごは、ミョウガボチと呼ばれ、鳥取、美濃西部の特産である。ボチ(だんごもち)は芳香があり、初夏のうれしい食品である。

実の姿がじつにおもしろい

ゲンノショウコ

最もよく知られている薬草ゲンノショウコは、日本全土、北海道南部から沖縄、台湾、中国まで幅広く分布する。牻牛児苗《ぼうぎゅうじびょう》とは漢方薬名である。近年北米にも帰化していることが報道されていた。

ゲンノショウコは夏に五弁の小さな花をつけるが、関東では白花が多く、関西には赤花が多いとされている。伊吹山には赤、白両方があり、混じりあったものかピンクのものも見かける。北海道は黄色と聞くが、これはまだお目にかかっていない。

ゲンノショウコはまたの名を、「みこしぐさ」という。花が終わって実ができるが、その実がはじけ飛ぶ頃の姿がじつにおもしろい。ほんとうに祭りのおみこしの飾りのようなかわいさをみせる。遠いむかしの人々もじつによく細かなところまで見つめていて、古いことばを残してくれていることに感心するが、案外この実を知らない人が多い。

ゲンノショウコ

ゲンノショウコはフウロウソウの仲間で、伊吹山にはハクサンフウロ、グンナイフウロ、イブキフウロなどがあり、お花畑を代表する植物でもある。ことにイブキフウロは花びらに桜の花のような山型の切れ込みがあり、色も心なしか鮮明に見える。イブキの特産種である。

ゲンノショウコが痩せ細ったように見えるヒメフウロウは、細い茎も、切れ込みの深い小型の葉も赤味を帯びている。石灰岩の岩場を好む植物で、山麓の岩場でもよくみかけられる。ヨーロッパからの伝来植物といわれ、四国の石槌山や奈良のものは伊吹山から伝わったものといわれる。薬効はゲンノショウコの十倍というが、さすがこの香りがすばらしい。

ゲンノショウコは古くから民間薬として広く用いられたが、今日では丸剤、錠剤としても市販されている。整腸、強壮剤として、一方では下痢、腹痛、便秘の効もあるとして極めて広く薬効が喧伝されている。薬草茶として日常に用いられる方も多いようである。

オランダの漢方薬の研究家フレデリック・ローマンさんは、

「日本人は薬好きの薬知らず」だと酷評する。ゲンノショウコはプラスの薬草（細胞の活性化）、ドクダミはマイナスの薬草（細胞の鎮静化）であるが、「薬草はなんでも煎じればよいと考えておられるが、加熱すると薬効は極めて薄くなる。日本には昔から『色香に迷わされるな』という諺がありますね」と。

薬草の利用は銘茶を用いる要領で、湯は八十度以下にというのが定法という。ローマンさんと伊吹山を一日歩いたのはもう七、八年も前のことである。

今は噛む子どももいない

チガヤ

川原の土手や道端、畑のあたり、町の中でもちょっとした空き地に見かけられる雑草である。葉に先立って銀白色の花穂をつける。これほど広く全国にみられる植物は案外少ない。戦前をご存じの方なら誰もがなじみ深い草で、なんらかの思い出をお持ちのはずである。もっとも今日では、これをとって噛む子どもの姿を見かけることはほとんどない。

チガヤは茅（ボウ）が漢名、花穂を矛《ほこ》にみたてたものとの事である。呼び名も数多く、ち・ちばな・つばな・あさじ・おもいぐさ・みちしのばぐさ・茅草・白茅・秀茅・過山竜など、中国・朝鮮系と思われる方言も多い。チというのは、本来群がって生えるの意だという。つばなはちばなのなまりと考えられる。湖北一帯にもずいぶん地方名があるようだが、つばな・つんばりこなどが多いようである。

花穂をとって噛んでみると確かに甘い。れっきとした果糖、ブドウ糖、

チガヤ

ショ糖、その他と分析報告がある。ことに花穂よりも根茎に糖分が多いとされているが、私は残念ながら根っこを噛んだ経験がないので、ぜひ今年は試してみようと思っている。

もとより薬草であり、漢方では著名である。利尿、解熱、止血薬などに効が高いとされ、茅根湯、茅葛湯などが病後の服用湯としてすすめられている。

民間でも発汗剤、急性腎炎、脚気、風邪薬などの民間療法があげられているほか、切り傷などの止血には、この花穂が用いられている。

火口―ほくち、あるいは「ほぐち」といってもご存知ない方も多かろう。火打石を使って火種を得るとき、火花を受けて元火を作る黒い綿状のもののことである。ほくちはガマの穂の毛やチガヤの穂を集め、鍋の炭などをまぶして黒くしたものである。焔硝《えんしょう》（硝酸カリウム）や焼酎を加えて煮たものはさらに上質である。

またおもしろいことに、この茅には霊力が宿るとされている。茅の輪くぐりの神事は、長浜八幡宮でも六月の晦日《みそか》、みなつき祓えの神事としてその伝統が受け継がれている。

スサノオノミコトが南海の蘇民将来《そみんしょうらい》に手厚くもてなされた礼に、茅の輪をくぐると疫病から免れると教えたという説に基づいている。「蘇民将来子孫」と書いて戸口に貼る。節分の「立春大吉」なども、くだらない迷信、古い習慣などと一笑に付してよいものかどうか。季節の移り変わりと共に天地に感謝し、世俗の欲望に迷わされず中道を歩む素朴な神だのみ、仏だのみが案外大切なのではなかろうか。今日の社会疫病から免れるためにも。

つばな抜いて遠い日友をなつかしむ

仙人の二の舞にはならぬよう

フシグロセンノウ

京都嵯峨に仙翁寺《せんのうじ》というお寺があったが、もはや跡形もないという。しかし、仙翁寺山という地名が今も残っている。お盆の八月十六日におこなわれる「五山の送り火」、その嵯峨の鳥居形の送り火を点じるのが仙翁寺山、曼荼羅山である。センノウは中国からの渡来種で、ナデシコの仲間、植物が先か寺が先かよくわからないが、馬琴の『俳諧歳時記栞草《しおりぐさ》』によれば仙翁のおこりだということである。

センノウは渡来種だが、フシグロセンノウは日本の山地に自生する。といっても深山と考えた方がいい。伊吹山では三合目の大谷をはじめ、谷間を気をつければよく見かけることができる。今年は天候のかげんか、裏庭に移したフシグロセンノウがみごとに咲きみだれた。実に造化の不思議というか、魅力のある花であることにまちがいはない。

センノウは仙翁の意で、山中で修行を積んだ仙人の雄である。穀物をと

フシグロセンノウ

らず不老不死の法を修し、神変自在の法を得た道人という。

ところで、おもしろい話があるので、ぜひお伝えしておきたい。

いよいよ最後の修行と、深山絶壁の巌上に座し、専ら瞑想に時のたつのを忘れていた仙人がいた。やがてどこからともなく一陣の爽やかな風があり、えもいわれぬ妙麗な香が立ち昇ってきた。仙人は思わずあたりを見廻したが、峨々《がが》たる山脈、流れる白雲ばかりである。その妙なる香は千仞《せんじん》の谷深くから立ち昇ってくる様子、身を巌上に乗り出して、はるか目くらむばかりの谷底を眺めやった。

こはいかに。人跡未踏のその谷底の渓流に、一人の美女が立っているではないか。朱の衣をまとい、しかもわずかにほほえんで見上げるまなざし。およそ谷底の人影、ましてその表情など見得るわけはないが、まごうことなく五尺の近くに対峙するがごとく、鮮やかである。

仙人はその一瞬、思わず飛鳥の如く巌を蹴った。あたかも渓谷に吸い込まれる如くであったという。

仙人は谷底の渓流の岩の上に息絶えていた。そしてそのあたりには仙翁の花が咲きみだれ、仙人はまさに法悦のおもかげを見せていたという。

人には人柄ということばがあるように、野草にもまたそれぞれに風格があり、情緒がある。ひとり山狭などでこの花に出逢ったりすると、人もまた仙翁の二の舞になりかねないと思うのだが、どうだろうか。

皆さんの家の庭先にもあるはず

キランソウ（ジゴクノカマノフタ）

七夕もすぎて今年もすでに後半、まもなくお盆を迎えますが、まずは五色の短冊からとりあげましょう。

おなじみの山野草から拾うと、アカザ、シロツメクサ、アオキ、キハダ、クロモジ。つまり、赤、白、青、黄、黒の五色です。

黄色は大地で土をあらわし、青は水、赤は火、白は風（空気）です。つまり大地と水と火（太陽）それに風、この四つの恩恵によって作物は実り、花も草も虫けらも、動物たちも、私たち人間も生きています。

こうした大自然、宇宙の恩恵に気づかない生きざまを仏教では無明《むみょう》といい黒の色であらわします。相撲では土俵が黄ですから四本の柱は青（東）、赤（南）、白（西）、黒（北）となっているのです。古墳の壁画の青竜、朱雀、白虎、玄武がそれです。さてこれを図で示すと五輪塔というわけです。自分の生命の尊さに気づかないものは無明の黒、地獄行きというわけです。

「ジゴクノカマノフタ」
ことキランソウ

ところでお盆は地獄もおやすみで、鬼の焚く釜も休むといわれています。それにしても「ジゴクノカマノフタ」とはなんとおもしろい草花ではありませんか。もっとも本名は「キランソウ」です。ほぼ全国の道ばたや空地、おそらく皆さんのお家の庭先にもあるはずです。花はもう終わってしまいましたが、大地をおさえつけるように地をはって広がります。紫色の花をつけ、葉には濃い線があるので、すぐみつけていただけましょう。

もう一つ地獄といえば鬼、鬼といえば金棒です。「オニノカナボウ」は本名「オニノヤガラ」です。うす暗い林の中などにみられる黄褐色の五、六十センチから一メートルに達する棒のような植物です。腐生植物といわれ、いぼのような花や実のようすが鬼の金棒そっくりです。

「オニシバリ」は山地のあかるい斜面などでよくみられます。ジンチョウゲ科の低木で、もちろん伊吹山にはたくさんあります。枝の皮は白っぽく、ものすごく丈夫です。それにもう一つ「オニノフンドシ」というのがあると聞いたのですが、図鑑にもなく未だに不明です。

伊吹山頂から北尾根にかけてはオニユリ、表登山道ではコオニユリがいよいよ咲きはじめます。お盆を前にぜひ伊吹山にもお出かけください。

いろいろな鬼にであうのもいいのではありませんか。ご案内くらいなら、
よろこんでおともしますから。

音信「茶花のことなど」

懐かしいおたより、早速拝見しました。いつかお茶をやっておられると伺ったことがありましたが、封筒や便箋にもそんな心づかいが感じられて、ほっとうれしくなりました。

もともと文字のうまい貴女ですが、ちょっとした渋味も出て来ましたね。

さて、お申し越しの「伊吹山の案内」のことはよろこんでお引き受けしましょう。メンバーも八、九人ということですから一番手ごろです。おいでになる日時がきまりましたら、早目にご一報下さい。なんとか都合をつけます。ところで天候のことを心配しておられるお気持ちはよくわかりますが、雨も霧もそれなりの風情があって、むしろお茶をたしなむ方にはそんなアクシデントもおもしろいのではと思ったりします。

ところで一つ気に入らないことがありました。かんじんの「茶花」についてです。これは私の誤解でしたらお許し下さい。

と申しますのは、何か「茶花」という特別なイメージを皆さんが持っておられるのではないかと感じたことです。私は単純に茶室や床に飾る簡素な活け花の素材と考えていたのですが。何か「茶花」という先入観をもって野草を見るということは、いささかナンセンスと言わざるを得ません。「茶花」とは本来花を活ける人の問題で、花に求めるべきものではないと思うのです。

伊吹山には「茶花」がたくさんありますね、と聞かれたりすると、私はたいてい「はあ」とあたりさわりのない返事をする。「伊吹の野草はみんな『茶花』です。」と言うと、こんどは向こうから「はあ?」という返事が返ってくる。「あなたのお家の庭にもありませんか。」と付け加えるのです。

拈華微笑《ねんげみしょう》ということばがあります。花は仏の意でしょう。一輪の花に仏を見るのです。今日ともすれば、花とはその花冠のことと誤解しているのではありませんか。葉も茎も根もすべてが花冠を支えているのです。一輪の花もそれこそ命がけのいとなみの所産です。

少し言葉がすぎたかもしれません。しかしかんじんな事だと思うのでご了承下さい。

名もない一輪の野草に季節を感じ、大自然の営みを観る。それが「茶花」の心かと思うのですが。

万山薬草香のことばのごとく、万山これすべて茶花とうけとって戴けば幸です。おめもじの日を楽しみに。

野草曼陀羅

早々くさふじ

くさふじの咲く頃です
もうすっかり夏です

捨てられた仔猫が
ねむっていました

山のいただきが
けむっているようです

おばあさんが
くさふじを刈っています

かげ干しにして
大阪へ送ってやるのです

心臓がわるいのは二番目の娘
去年還暦を迎えた娘です

きんぎんかずら

きんぎんかずら
さねかずら
ほろほろこぼれて
さねかずら

きんぎんかずら
さねかずら
ほろほろ山鳩
さねかずら

きんぎんかずら
さねかずら
ほろほろないてる
さねかずら

ちがや

ちがや
ちがうか
ちがわぬか
ちがや

ちがやに
ちがいない
ちがや
ちちぐさ
ちちのいろ
ちがや
ちがやの
ちちのはら

ホタルブクロ

ツルゲーネフの
「猟人日記」の山姫のように

夕星のような
美しい目で

あかるい月夜の
水のおもてのように
ホタルブクロが咲いている
わたしは魔性の女
あとを追ってはなりません
わたしは森の山姫
あなたとはそえません
垣籠峠の道に
ホタルブクロが咲くのです。

ササユリ

ササユリは
山の神様

ふるさとの
山への祈り

ササユリは
白い神様

ふるさとの
夏への祈り

のりうつぎ

うちつづく
やまなみ
ながれる

白い雲
あゝ
夏
胸いっぱいに
風を吸って
入道雲のように
大きくなろう
入道雲のように
大空をかけよう
のりうつぎが
咲きはじめた

キンポウゲ

赤ん坊のいたちが
道をよこぎる
母さんいたちが
あとをおいかける
そんないたちの
胸にかざってやりたい
キンポウゲの花です
緑色の風が
さっと吹きぬける
親子のいたちが
立ち止まってみている
キンポウゲの花です

ミヤコグサ

ちいさな
野辺の
みやこぐさ
みやこ大路を
ゆく人の
黄色のかんむり
みやこぐさ

いずこともなく
笛の音の
きこえるような
みやこぐさ

とおいむかしの
雅人《みやびと》の
まひるのうたげ
みやこぐさ

陰翳礼讃

山の緑がいつのまにか濃くなって、カッコウの声でも聞こうものなら私はすぐにでも山麓の林を訪ねて歩きたくなる。そして陰翳礼讃《いんえいらいさん》ということばを思い出す。たしか京大の木村素衛《もともり》先生のことばであったと思うが、陰翳のえいは、やはり影ではなく翳《かげ》でなければ、あの神秘さはわからないように思う。

成長するもののかげに、ふと匂うような未熟さというか、青くささというか、そんな魅力である。山麓の木かげや谷合いのちょっとした窪《くぼ》みなどに咲く五月の花、それは妙にユリ科の植物である。あかるい太陽のもとに咲く花ではなく、ひっそりと咲くそんな花にもぜひ出逢ってほしい。ぜひ声をかけてほしいと思う。

アマドコロやナルコユリは大型になるので、目につきやすい。白い細身の釣鐘状の花をつけ、アマドコロは二つずつ、ナルコユリは三つずつ、申し合わせたように葉のつけ根からぶら下がる。花の先がほんのり黄緑色をみせるのがじつに可愛らしい。スズメなどの小鳥を追う鳴子などはもう通用しないだろうと思われるが、田園情緒が失われていく今日では止むを得ないことかもしれない。

ミヤマナルコユリは、葉が広く丸味があり卵型でしっかりしている。いかにも山育ちの感じで、茎にも赤味がある。花がたくさんついていることがあって楽しい。ミヤマナルコユリを小型にしたのがチゴユリだが、これは花が茎の先端にふつうは一つだけつく。花も釣鐘状ではなくしっかり開く。マイズルソウも小型で四弁の花を茎の先端部にかたまってつける。ユキザサは六弁。これは二十～三十センチほどの高さに直立して伸びる。

ユリ科というとササユリやコオニユリ、オニユリなどを連想しやすいが、日陰に咲く花には、やはりまたちがった趣があることを知ってほしい。

杉本秀太郎先生の『みちの辺の花』（講談社）という本が出版されている。この中にはホウチャクソウがとりあげられている。宝鐸草、鰐口草など、社寺に関するこれらの植物名にも、秘められた由来があることがうれしい。

ワニグチソウは、社殿に吊す鰐口のことで、垂れ下がる花を掩うように二枚の小さな葉がついている。ホウチャクソウは、寺院や三重、五重の塔などの軒先に吊される風鐸のことで、下ぶくれをした白い花の先端部がわずかに薄緑に色づいていて、いかにも優雅な感じを受ける。『みちの辺の花』の中では、三好達治の「甃《いし》のうへ」の詩をあげている。

あはれ花びらながれ
をみなごに花びらながれ
をみなごしめやかに語らひあゆみ
うららかの跫音《あしおと》空にながれ
をりふしに瞳をあげて
翳りなきみ寺の春をすぎゆくなり
み寺の甍《いらか》みどりにうるほひ
廂《ひさし》々に
風鐸のすがたしづかなれば
ひとりなる
わが身の影をあゆます甃《いしだたみ》のうへ

「陰翳礼讃」のもつ意味を改めてかみしめてみたい季節である。

悪条件を克服して生きる

コイブキアザミ

哀愁のあるアザミの歌は、多くの人々に親しまれた。もっともアザミを知らない人はなかろうが、アザミを好きな花の一つとしてあげる人は、ごくまれなのではなかろうか。

薊＝アザミと読むこの文字は、かなり強烈である。アクが強いという方が、個性的というよりあたっていよう。不用意に手を出そうものなら血を見ることになる。しかし付き合ってもみないであたまから避けて通ろうというのは、第一あなたらしくない。

アザミにはずいぶんたくさんの種がある。道ばたに咲くノアザミ、キツネアザミがあり、季節によってマアザミ、ヒメアザミ、オニアザミなどがある。サワアザミは山菜の王者で、トゲもまたさまざまである。

ところでおもしろいことにアザミはずいぶん地方色が強いことに気付く。

コイブキアザミ

ナンブアザミ、ヨシノアザミ、スズカアザミ、チョウカイアザミ、エゾアザミ、フジアザミといった調子。ここでコイブキアザミが登場することになる。つまりそれぞれの土地、気象条件に適応して、みごとに生き抜くたくましさを持っているのがアザミなのである。

コイブキアザミは伊吹山の象徴である。山頂のお花畑を訪れる人で、これを目にしない人は少ないのだが、立ち止まる人はめったにいない。ごつごつした石灰岩の岩場で、厳しい冬に耐え、風や霧などの悪条件を克服して生きるコイブキアザミは、白く細かい毛をまとい、するどい針に掩われている。水分の蒸発を極力おさえるための生活の知恵である。

お花畑がピークを過ぎるころからコイブキアザミは花をつけはじめる。淡い紅紫の花を密集させてつける。一つひとつの花の美しさはもちろん、コイブキアザミはやはり全体を見てほしい。

「小指が痛い」という歌があった。

アザミの針をさした人も少なかろう。アザミはともかく、心の痛みのない時代といってもよい今日、心の痛み、それはきびしい生き方をする人のみの天の啓示であろう。心の痛みのわかる人でありたいと思うからである。

衣食住にわたって利用

アカソ

夏のお花畑が終わりを告げる頃には、もう秋風が立って、北尾根から金糞、白山への山なみがいっそう間近に感じられるようになる。群れを作って飛びかっていたアキアカネやミヤマアカネなどのトンボたちも、そろそろ山を下る準備をはじめるらしい。

サラシナショウマの白い花穂が咲き揃うまでにはまだ少し早すぎる。そんな伊吹の山肌をうずめるのがアカソである。とりたてて「どれが花だ」「どこがきれいだ」といわれると困ってしまう。バラやチューリップなどが花だと思い込んでいる人が案外多いからである。そんな人にはちょっと相手にはなれない。

赤褐色の茎も葉柄も、まずこの美しさがたまらない。花の美しさもこれに劣らない。花が小さく花期が短いので、なかなかうまくお目にかかれない。アカソの花は穂のように小さな花がいくつも並んでつく。下部に雄花、上部に雌花と分かれてつくが、この雌花が特に美しい。

アカソはイラクサ科の植物で、カラムシやヤブマオのなかまである。五、六十センチにもなるこの草は、あまり好感をもたれないのか、植物誌にもほとんど取り上げられていない。私はひそかにとんでもないバチ当たりだと思うのである。

アカソのソは、麻の意味で、ソはアサの古語である。昔は衣服の材料としてこの皮をはいで繊維として利用した。アカソとは赤い麻の意味である。同じ仲間に幹や葉柄が淡い緑色のカラムシがあるが、戦時中この皮を一時供出させられたこともある。

花穂は手でしごくと、ポロポロとつぶが落ちる。これを粥の中に入れて煮て食べる。若芽はやわらかく、おいしいというものではないが、なんとか食べられる。飢饉の時の非常食のひとつである。花穂は乾燥すると保存がきく。

私たちの先祖が衣・食・住にわたって利用してきたのがアカソであった。食べて飢えをしのぎ、布にして身にまとい、屋根や壁の素材とした植物はそうざらにはない。

同じ仲間のカラムシは、アカタテハ（蝶）の食草。先端の若葉に産みつけた卵は一個。やがて毛虫が生まれる。この毛虫は葉のふちを糸でひっぱって袋状の住家を作る。三週間もたつと蛹《さなぎ》になり、やがて羽化する。どこでも見かけるきれいな蝶である。でもアカタテハほどかわいい蝶はいない。庭先で育てたこの蝶は、飛び立ってもしょっちゅう舞い戻ってくるからである。蝶にもそんな性質があるのだろうか。

夏の終わりを告げるファンファーレ

サラシナショウマ

夏のお花畑は、今年もすばらしい景観を楽しませてくれました。山頂から東北斜面の一帯はアサギマダラやアカタテハなど蝶の異常発生とも相まって、例年にない美しさでした。花筵《むしろ》を敷きつめるピンクのシモツケソウ、黄色い花穂をたくましくかかげるメタカラコウ、あかるいブルーのクガイソウや、紫がかったルリトラノオ、黄金色のキンバイソウなど、異常気象の不安をよそに、やや開花は遅れたものの、みごとな装いをみせた夏の祭典も、すっかり終わりを告げました。

やがて鮮やかな彩りが、朝夕の霧の中に色あせとけこんでいく中で、ひときわ高く伸び上がり、真っ白な花穂をつけるサラシナショウマが、山腹から山頂への一帯をうずめ尽くします。夏のお花畑の終わりを告げるファンファーレ、あかるい華やかな装いから一転して冷えびえとした幽玄の世界の展開です。お花畑挽歌、壮大なる寂寥《せきりょう》の空間です。

サラシナショウマ

サラシナショウマは寒冷地系の植物で、長さ三、四十センチもある棒状の花穂をつけます。白い小さなスプーン状の四枚の花びら、長い線のようなたくさんの雄しべが突き出している。こんな花が花穂には無数に群がってつくのです。低地のものに比べて枝分かれが少なく、ほとんど一本ずつ立ち上がります。

吹きわたる風にゆらぐこの花の風情は、それだけでも魅惑的であるのに、それが何百、何千という見渡す限りのサラシナショウマの世界です。山が動く、山が哭《な》く、山肌に立つ時だれもがそこに永劫を見るにちがいありません。

洛北、化野《あだしの》念仏寺の夕暮れ、妖しいまでにゆらぐロウソクの焔《ほのお》の林立に魅せられるように、私はそこに山の霊を感ずるのです。

サラシナといえば「更級日記」、芭蕉にも「更級紀行」があります。信州更級の月は有名ですが、ここは姥捨て山の伝承地であることを思うとき、なぜかこのサラシナのことばの響きに怨念に似たものを感ずるのですが。

和名は「晒菜升麻」、若菜を水に晒して食べることからとされています。漢方では生薬名を升麻といい、解毒・解熱に用いるほか、口内炎、扁桃腺炎のうがい薬とされています。すでに奈良時代にこの名が見えますが、伊吹百草のうちの代表的な薬草の一つとして今日も生きつづけているサラシナショウマです。

薬草考　その二

延喜五年（九〇五）、延喜式五十巻「諸国進年料雑薬」として、近江七十三種、美濃六十二種が挙げられている。共に伊吹山で全国一、二位を独占する。

仏教の伝来は奈良の都より早く、敦賀から北陸へ、一方は己高山から湖北一帯に根をおろしたもようで、やがて伊吹山はその拠点となったものと思われる。

加賀白山の泰澄大師の入峯、役行者の活躍などで、あちこちの尾根に山寺が建てられ、薬師如来がまつられたことが伝えられる。

八世紀末、光仁天皇の皇妃の病篤く、占卜《せんぼく》の末、伊吹の上人を呼べとのことで使者が遣わされた。伊吹から帰り着いた使者を笑顔で迎えたのは、快癒された皇妃で、上人はすでに伊吹に帰られた後であったという。これが飛行上人伝説である。

伊吹山が七高山の一と定められ、薬師悔過《けか》を修めることになるのは、承和三年（八三六）。仁寿年間に至って元慶二年（八七八）、三修上人の尽力によって定額寺に列せられ、観音、弥高、太平、長尾の四大護国寺が開かれる。山岳仏教は薬学と密接に結びついた国立研究所であるとみてよい。ことに弥高寺は文武天皇の勅願所として建立されたもので、八世紀頭初の貴重な文書が残されている。弥高護国寺の頭塔悉地院の文書において、病魔退散、治癒を願う参詣人に対し加持祈祷が行われ、施薬として艾、梅実が確かめられたことから、薬湯が提供されていた事実を把握することができた。

薬師如来は、その左手に宝珠を持たれている。果たしてその壺の中はいかなる妙薬であろうか。

薬師如来の金言として「一汁一菜、他勿求薬」の聖句がある。日々の飲食こそ一切の薬であり、ほかに薬を求めるなとの戒めである。持ち物の宝珠は水壺。水こそ薬そのものであると。

薬師如来の戒めはいかにも厳しい。

不老不死の妙薬がよく話題に上ったりするが、この妙薬を求めた者は、日ならずして他界。中国をはじめ、ギリシャ、ローマの滅亡もこれによることを歴史が物語っている。

日本人は極めて薬好きで、極めて薬知らずだとは、オランダの漢方医、奈良のフレデリック・ローマン氏の言である。もう十数年になるが、伊吹の薬草をぜひ調べたいので案内をとの要請で、一日山を歩き廻った。そのときに伺ったいくつかを今回はぜひお伝えしたい。

まず、薬効をもとに大別すると、プラス、マイナス、中性の三種になる。つまり、私たちの体細胞を活性化させるもの、鎮静化させるもの、それにプラスマイナスの両方を備えているものの三種である。

プラスの代表がゲンノショウコ、マイナスの代表がドクダミである。疲れやすい、体調がよくない、そんなときにはゲンノショウコ。イライラする、安眠がなかなかとれない、などのときにはドクダミ、というわけである。その基本をあやまると、むしろ逆効果だという。もっとも、中性のいわゆるヨモギは両方に作用するので、一番安全ということになる。

次に、薬草採集の時期は花の咲く前がいい。大きいものと小さいもの、どちらをとるか、これはドクダミの例をみてもらいたい。つまり、大きくても小さくても節の数はほとんど変わらない。したがって小さいものの方が効率的である。一メートルもあるドクダミと十センチあまりのものと薬効はほとんど同じということである。もっともドクダミ茶などは朝鮮からの輸入もので、大型のものが多いという。

次は乾燥だが、天日に干しても日陰でもよいが、なるべく短時日に、夜露に当てないことが大切である。乾燥したものは湿気をもたないよう保存する。

さていよいよ服用法であるが、まちがっても土瓶などに入れてグラグラ煮立ててはならないことである。乾燥して細かく刻んだものを急須などに入れて、湯を注ぐが、この湯は銘茶の要領で八十度以下、熱湯を注げば薬効はほとんどゼロに近くなる。ローマンさんは、「例えば、ほうれん草をグラグラ煮立てて茶色っぽくなったものを、栄養価が高いなどといって召しあがりますか」と。

熱湯に逢えば薬効はまずゼロに近いと考えてよい。もっとも、熱湯にあえば色は濃く、香りも高くなる。「日本には昔から、色香に迷うなという諺があると伺いましたが…」と。

秋の草木

そばに腰をおろしたにちがいない

アキノキリンソウ

伊吹山の十月は、もうすっかり秋。とくに山頂のあたりは晩秋の感じである。夏のお花畑の華麗さはすっかり消えて、茫洋たる山肌を吹き渡る風が、時には素肌を刺すように冷たいことさえある。

お天気がよければ、この頃の山は眺望が実にすばらしい。空気が澄んでいるので、奥美濃の山々から御岳、はるか北の白山に至るまで見渡すことができる。日差しはあかるく、岩かげなどに腰をおろすと、日向ぼっこにはもってこいである。そんな傍らにきっと咲いているのがアキノキリンソウである。いやむしろ、あなたは無意識のうちに、その花のそばに腰をおろしたにちがいない。

アキノキリンソウは、そんな日当たりが好きで、岩場のかげなどに咲く花穂は時に金色にさえ見える。山頂付近のものは、さすが背丈も低く、せいぜい二、三十センチくらいのものが多い。濃い黄色の小さな花が群がっ

アキノキリンソウ

ていて、花芯がしだいに桃色にかわっていくのもうれしい。山頂にはミヤマアキノキリンソウがあると聞いたが、これはどうも区別がはっきりしない。

アキノキリンソウは、例のセイタカアワダチソウの仲間だから、格別珍しい花ではない。山麓の雑木林や山地の南斜面などによく見かけられ、雑草の中のものは五、六十センチほどのものも珍しくない。

夏にはベンケイソウの仲間のキリンソウが咲く。キリンソウの葉は肉質で、茎の頂きに黄色の花をむらがるようにつける。これは若芽をとって水にさらして苦みを抜き、あえものや浸しものにする。

麒麟（キリン）は古代中国の霊獣で、聖人が出現してよい政治が行われるとき、その前兆として現れるという。一応、アキノキリンソウもめでたい花というわけである。

漢方では、薬草のなかに位置づけられており、生薬名を一枝黄花《いっしこうか》という。風邪の頭痛薬、のどの腫れや痛みをとるという効果があるという。乾燥した全草を煎じて飲む、あるいは煎じ汁でうがいをするとよいといわれる。腫れものの解毒には古くから定評がある。もちろん、伊吹百草の一つ。この黄色をみつめていると、やはり身心の毒素が消えていくような気がするから妙である。

古代から染料植物として利用

イブキカリヤス

伊吹山三合目の高原にユウスゲの花が終わる頃になると、カリヤスも背丈が伸びて風に波打ちはじめる。そろそろ花穂が用意されるころである。カリヤスはイネ科の多年草でススキに似ている。ススキは葉で手を切ったりするが、カリヤスはやわらかく、触れてみればすぐに区別ができる。やがて、三、四本の枝分かれした短い花穂をつけはじめる。

伊吹山のカリヤスは「イブキカリヤス」と呼ばれ、貴重な染料植物として古くから知られている。ことに天然染料が見直され、草木染めの愛好者が増加した昭和五十年代からは、盛んに話題にのぼるようになった。

天智天皇が大津に都され、伊吹山麓の一帯は御領所となり兵馬調練が行われた。そのころから多量のカリヤスを都に納めたと記されている。当時は「おうみかりやす」とあり、「刈安」の文字も用いられている。

延喜式一五内蔵寮「諸国年料供進」には、「苅安草一千囲」と記されて

イブキカリヤス

いる。和名抄には「東草　弁色立成云黄草〈加伊奈本朝式云刈安草〉」とあり、黄草を「かいな」と呼び、刈安草と呼んだもようである。馬琴の『椿説弓張月《ちんせつゆみはりづき》』にも「黄は七日より九日の間にかりやすを煎じ、染めること三、四十遍にして、椿の灰をもて色を出し」と刈安染について述べ、「山吹や鬱金《うこん》よりも赤みが少なく鮮やかな黄である」と記されている。

伊吹山中尾根九百メートル付近で、弥高百坊跡と東側の上平寺城跡に分かれる。京極高清の上平寺城は刈安城とも呼ばれている。この一帯はたしかにカリヤスが群生する。

カリヤスは伊吹の薬草でもある。伝説にすぎないのかもしれないが、ガマの毒やマムシ、トリカブトなど猛毒の毒消しだといわれる。

糞掃衣《ふんぞうえ》とは、捨てられた衣類やぼろで作ったもの、また牛の糞に染まった衣であり、仏道を行ずる僧が本来身にまとうべき袈裟《けさ》とされている。大宝令のころ、この糞掃衣があやまって解され、下人の衣服とされたことがあるという。南方の仏教国ではこの糞掃衣が今日も広く用いられ、天台、真言などでは、この袈裟は今日でも重く用いられている。

喪服をはじめ藍染や茜染などの場合、深みのあるしっとりとした色に染めあげるためには、一度先にカリヤスで黄に染めるのだという。色がなじむというそうで、下地がよくないといい染めがあがらないと聞いて驚いたことがある。

染色というと多くの人は染めるという意味に使っている。仏典には染香人などという語があり、染めるのでなく染まるのだという。無心、無我であってはじめて染まるのであり、それは大自然と一つになることのようである。自然法爾《じねんほうに》ということであろうか。これもまた薬師さまの教えだとのことである。

文字通り赤味がかった根
アカネ

秋が深まると夕焼けの美しい季節がやって来ます。晩秋の頃の美しさはまた格別です。

夕やけこやけの赤とんぼ
負われて見たのはいつの日か

空も赤とんぼもみんな茜色に染まります。うれしくて、なぜかちょっぴり淋しく悲しいような童心をかきたてる茜色です。

わたつみの豊旗雲に入日さし　こよひの月夜明らけくこそ
天智天皇

ところで、この茜色は同時に夜明けの色、伊吹山頂で迎える「御来光」の色でもあるのです。

東の野にかげろひの立つ見えて　かえり見すれば月かたぶきぬ

柿本人麿

何かふつふつと身体中の血が沸き立つような、永遠の時の流れの中に溶け込んでいくような、不思議な感動を覚える茜色です。

アカネは、カリヤスと共に古代の染料植物として知られ、広く用いられてきました。ツル性の植物で、ヤエムグラに似ています。茎は四角で稜線には鋭い小さい棘《とげ》があり、下向きにある棘で他の草などにまつわって成長します。茎も葉もきれいな緑色で、先の方に小さな白い花をたくさんつけます。

アカネは文字通り赤味がかった根で、水で煮ると赤褐色の色が出ます。これに、明礬《みようばん》や木灰を媒染として染めるのです。

額田王が大海皇子に呼びかけた歌として知られ、美しく心ひかれる恋歌

茜さす紫野ゆき標野《しめの》ゆき　野守《のもり》は見ずや君が袖振る

額田王

夕暮れの光景か、あるいは朝でしょうか。朝廷の五月五日の行事に薬猟《くすりがり》があり、蒲生野《がもうの》には紫草が群がっている御領区があったものと思われます。(薬猟—男は鹿の角を、女は薬草を摘んだと記されている)

アカネは西の空、あるいは西方の国から伝えられたことから「茜」の文字が生まれたのだともいわれます。古くは西日本各地に自生すると記されていますが、今日では山麓でもやや谷合いの日陰などでなければ、なかなか群生には出逢えません。

茜の赤朱色は仏教の降魔の色、つまり魔除けの色です。仏教の伝来と共に伝えられた酸化鉄を主成分とする赤色顔料はベンガラと呼ばれ、インドの産地ベンガルをとったものです。奈良や京都の古寺に使われているこのベンガラの朱色は、湖北の民家にまで及び、ベニガラとして広く用いられています。ことに、伊吹山麓では大部分の家屋がこれを用いているのです。

アカネは薬草でもあります。生薬名は茜草、茜根草と呼ばれ、利尿、止血、通経などの効用のほか、心臓病にあるいは強心剤として広く用いられているのです。

控えめで、なぜかあやしい

キツネノカミソリ

夏から秋にかけて、林のかげなどに咲いているキツネノカミソリを見ると、妙にキツネに出逢ったような気分にさえなります。濃い赤橙色の細い六弁の花、すらりと伸びた茎、ヒガン花科ですから夏には葉がありません。キツネノカミソリは、ヒガンバナ（マンジュシャゲ）のような燃えるような印象はありません。あでやかでありながら、どこか控えめであるだけに、なぜかあやしい気持ちをもさそいます。これもキツネのせいかもしれません。二つ三つ蕾をつけた頃の魅力はまた格別です。

惜しいことに、伊吹山や山麓でもめっきりキツネノカミソリを見かけなくなりました。おそらく、接した方も少なかろうと、惜しまれてなりません。

キツネノカミソリとは、ほんとにふさわしい名だと感心します。キツネの名をもつ植物には、春のキツネノボタン、キツネノマゴがあり、秋が近づく頃には、キツネアザミが咲き始めます。キツネアザミは、葉に棘がなく清楚で、すらりとしていて花も大きく開きません。

新美南吉のゴンギツネを思い出されるかと思いますが、キツネノテブクロというのはご存じのジキタリスの和名です。ヨーロッパ山岳地帯の原産で、昭和の初め頃にはさかんに作られていましたが、今日ではほとんど見られません。もっとも薬草として持ち込まれたもようです。心臓の強壮剤で、害虫駆除にも用いられます。太い尻尾のような花穂をみせるジキタリスは、ホタルブクロのような肉質の花をたくさんつけます。

伊吹山麓を走る大昔からの北国海道（「北国街道」とも書く。伊勢湾と敦賀湾を結ぶ太古以来の道。「北国脇往還」は明治以降の俗称）。春照宿の手前の野頭のあたりは、今日でもキツネをよく見かけます。昔ここには観音堂がありました。人のいい老夫婦が堂守をしていて、土間の茶釜にはいつもお湯がたぎっていました。いつのまにか茶所と呼ぶようになって、旅人はもちろん、子どもたちの恰好の遊び場となっていました。

大きなヨノミ（榎）の木が涼しい日影をつくり、秋には甘い実をたくさんつけました。

北国海道は、お市の方が浅井へ嫁いだ道です。芭蕉も通った道です。子ギツネが三十三体の観音様の中に化けてまぎれこみ、まんまとお彼岸だんごをせしめたのですが、一方、堂守夫婦はかわいい子ギツネのためにだまされてやり、おだんごを一つよけいに持たせてやるという心にくいばかりの昔話が伝えられています。

岩倉山でとってきたキツネノカミソリを裏の畑の隅に植えたのは、もう八、九年も前です。いつのまにかキツネが穴を掘って子育てをしました。子ギツネが遊びに出るようになって初めて気づいたことでした。それ以来、子育てはしていません。毎年雪どけの頃には夜になるとキツネがやってきて、あちこちに通路の入り口を掘っています。

今年はことにみごとにキツネノカミソリが咲いています。何かいいことがあるのかもしれません。

古代史への憧れとともに

アケボノソウ

東の野にかげろひの立つ見えて　かえり見すれば月かたぶきぬ

柿本人麿

万葉に憧れて大和の宇陀野《うだの》を歩き廻ったのは戦後まもなくの頃で、私はまだ二十歳代の前半であった。凛冽《りんれつ》たる阿騎野《あきの》の歌碑の前に立って夜明けを待った。荘厳な夜明けであった。

やがて丘を下りて駅前の宿屋へ向かったが、その山裾あたりでアケボノソウを見かけた。以来アケボノソウは、私の古代史への憧れとともに今日に至っているのである。

以来五十年。アケボノソウにはいろいろな思い出がある。この頃つくづくと、野草との出逢いも友との出逢いにまさるとも劣らないと思うようになった。

アケボノソウは、リンドウの仲間。センブリもそうだが、秋を代表する種である。伊吹山では谷合いの日陰に見られるが、山麓の荒廃した北国海道沿いには、あちこちで出逢えよう。

アケボノソウは無毛の一、二年草で、茎は四角、日陰の半湿地帯では七、八十センチもの背丈をもつ大型のものも珍しくない。日本全土に分布しており、特に珍しいということはないが、花に出逢う機会を得ることはむつかしい。

やはりこの花の魅力は清楚でありながら、何か妖しいまでの美しさであろうか。

白い花冠は星のように五つに分かれ、花びらの先の方には暗紫色の小さな斑点が集まり、その下の方には二つずつ黄緑色の紋がある。造形の巧みというか、不思議というか、ふと森の妖精にでも出会ったような気持ちになったりする。うす暗い木陰で会ったりすると、鮮明な花びらの白さが強烈な印象さえ与える。

古くから「曙草」の名があり、夜明けの光をみたてたものといわれ、文人などにことのほか親しまれたと聞くが、具体的な文献にはまだお目にかかったことがない。

薬草で有名なセンブリもやはりこの仲間で、アケボノソウはセンブリの超大型と思えばよかろう。しかしアケボノソウは薬用植物には入っていない。薬効があるとすれば、さしあたって「心の病」とでも考えられようか。

センブリは漢方では当薬と呼ばれる。センブリは千振りで、千回振り出してもまだ苦味が残ることから、この名がある。良薬口に苦しというが、この苦さが食欲不振、消化不良、胃けいれんなどの特効薬として知られる。ことにこの苦みは春のフキノトウと同様、今日のストレスの解消にはもってこいのものであるという。

ところで、このセンブリは禿《はげ》に効く若返りの妙薬である。小生がこの事を知ったのは余りにも遅きに失した。六十歳を越えると効果は半減と聞いて若返りを断念した。

学界でも公認されていて、スウェルアマリンは養毛剤として用いられている。アケボノソウもセンブリも共にどうやら若返りという点では共通らしい。ただ妙におもしろいことは、センブリが身体的なかかわりがあるのに対して、アケボノソウは極めて情緒的であることである。

山の幸として愛好される

ヤマノイモ

一般にヤマイモというが、ヤマノイモが正しく、ヤマノイモ科である。別名を自然生《じねんじょう》、漢方では生薬名を山薬という。植物名も気をつけてみると実に面白く興味深い。

ヤマノイモはご存じのつる草で、葉のつけ根には珠芽であるムカゴがつく。ムカゴは「零余子」と書かれる。もっともムカゴがつくのは雌株で、雄株にはつかない。雄株は花が上向きについて立ち上がり、雌株の花は下に垂れる。

古くから「とろろ」の名で親しまれ、山の幸として文人、俳人、高貴な方々から庶民に至るまで、これほど愛好されるものも珍しい。香りといい味といい、伊吹のヤマノイモが有名なのは、石灰岩質という土質のせいである。ムカゴのつかない雄イモの方がねばりが強く、美味であるといわれる。石や岩をよけて伸びた根が、曲がりくねって節くれ立ったものほどよ

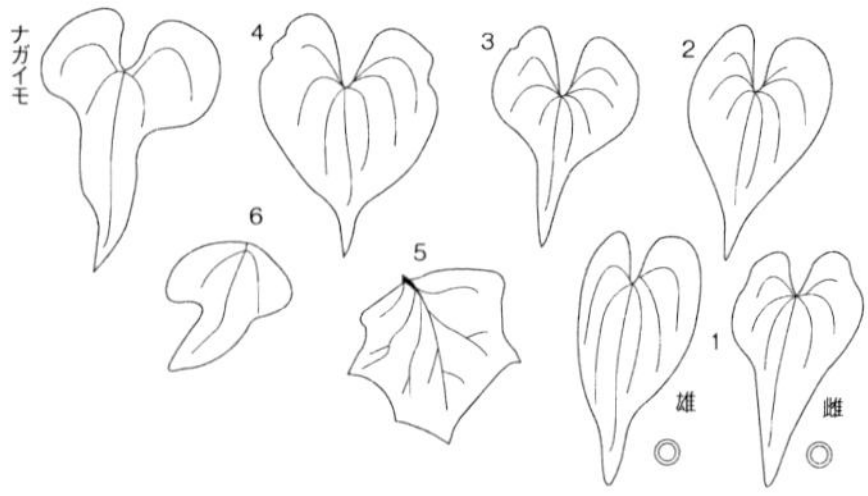

いというのもうなずけよう。

ヤマノイモは滋養、強壮、健胃剤として、特に糖尿病に効があるという。乾燥した根を焼酎に漬けて飲んだり、蒸して飲んだりする。

根は深く伸び、毎年大きくなるが、古い根は枯れて新しい太い根になるのも、ヤマノイモの特徴である。

イモ掘りに出かけて困るのは、ヤマノイモ（図1）の見分け方である。オニドコロ（図2）、ヒメドコロ（図3）、ウチワドコロ（図4）などのヤマノイモの仲間は、葉が厚く硬い。また、うっかりするとツヅラフジ（図5）、アオツヅラフジ（図6）なども見間違えたりする。オニドコロはムカゴがついているので、これがやっかいである。葉の形がすんなりしていること、黄葉した葉はさわるとすぐ落ちることなどを知っておくとよい。

十月の半ばを過ぎると、山麓の道路沿いに車が目立つ。深く掘った跡を埋めて帰らない無法者が多く、ゴミを散乱する。おまけに家庭のゴミまでわざわざ捨てに持ち込むなど言語道断である。

旧制中学三年のころ、柳田国男先生の主幹誌『月明』に伊吹のギボシ取りと山芋堀りの民俗を投稿し、先生からの葉書を戴いた。ギボシ（植物名としてはギボウシ）は、ユリ科の多年草で春の新芽が食用になる。

山麓では夫婦揃って家を出ることはまずないが、春のギボシ取りと秋の芋掘りだけは公認である。しかし、一旦山に入ったら、知人に出逢っても声をかけてはならない。見ても見ぬのが山の掟である。採って帰ったギボシも山芋も必ず近隣へおすそ分けする。

ギボシもヤマイモも共に強壮薬、春秋それぞれ一日、夫婦の山入りが公認されるのである。実は小生も新婚旅行は伊吹山のギボシ取りであった。まもなく六十年も昔の話である。

墓地に多いのはオオカミ除け

ヒガンバナ

ヒガンバナ（彼岸花）が正式な植物名である。それにしても秋の彼岸の頃になると、必ず咲きはじめる。もっとも今年は九月のはじめ頃から見かけた。やはり異常気象なのであろうか。それにしても、彼岸花とはよくぞ名付けたものである。

マンジュシャゲの名は「法華経」に「摩訶曼陀羅華《まかまんだらげ》と摩訶曼珠沙華《まんじゅしゃげ》が逢いがたい仏縁にあったことをよろこび、天から降り注いだ」とあることによったものという。摩訶とは大きいこと、曼珠沙華は赤い花の意で、この花の大きく美しいことを表している。天華とあるのは、この花のことだとも言われる。

マンジュシャゲはたしかに墓場などに多く見られることから、シビト、シブト花、ジャボン花、サンマイバナ（三昧花）、ゴショウバナ（後生花）などと呼ばれ、不吉な花、気味の悪い花として嫌う人が多い。墓地に多い

ヒガンバナ

のは、明治初年墓地制度ができた頃、盛んにこれを植えたからという。埋葬の多かった頃は、オオカミが遺骸を掘り返し、無惨な姿を見せるからで、これはオオカミ除けでもあった。一つ石、四つ石、石積墓の様式も、オオカミの出没する山村に多かったのである。

群がって咲き競うヒガンバナは数個（六〜八）の花の集まりである。六枚の花弁、六本の雄ずい、それに雌ずいが長く突き出ている。花びらの微妙なちぢれといい、弧を描く絶妙の造形は実にみごとで、これほど魅力のある花はなかなか見当たらない。ニューヨークの花屋では、店頭に並ぶと聞いてさすがと驚いたことがある。「赤い花ならマンジュシャゲ　オランダ屋敷に雨が降る――」などの歌はたしか戦前の流行であったか。

ヒバンガナは、鱗茎《りんけい》にリコリンという有毒物質を含んでいるが、水でさらせば毒性はなくなる。良質のでん粉を含んでいるので、縄文の頃以来、救荒食糧として用いられた。病人食として、糊《のり》として利用度が高く、表具師などに古くから重用された。戦時中は、軍へ多量に供出、落下傘部隊のパラシュート用の絹の布を張り合わせたのである。

中国名を石韮といい、烏韮、老鴉韮、韮頭草などという。ともに、韮、ニンニクの意で、広義の薬用植物とされる。もっともヒガンバナは中国の原産で、揚子江沿岸の岩地に生えている。大陸から日本に移り住む者のあった縄文の頃すでに日本に持ち込まれたものとされている。寒冷地を除く日本全土に分布するが、西美濃から江州東部、つまり、このあたりがもっとも多くヒガンバナの見られる地域である。

ハミズハナミズ（葉見ず花見ず）という呼び名もある。花が咲く頃には葉がない。葉は、冬の冷たく乏しい日光を受けて懸命に生きるという。親は子を知らず、子は親を知らない。何か運命をも感じさせる。

帯のように咲き連なるヒガンバナのかげに、ふと子ギツネの姿を見る。真っ赤な風車、幼い頃の夢がとめどなくなつかしく思い出される。私にとっては大好きな花の一つである。

男性的な繊維原料

ミヤマイラクサ

ミヤマイラクサはアカソのなかまである。アカソのソは麻の古語であり、繊維として古くから衣料として用いられた植物である。アカソが女性的な優しさを感じさせるのに反してミヤマイラクサは極めて男性的である。

背丈も八十センチから一メートルにもなり、葉も大きく二十センチもあったりする。葉先ほど鋸《のこぎり》歯が荒く、葉の裏には白い棘《とげ》がある。うっかりさわったりすると、皮膚を傷つけいつまでもひりひりする。

皮を剥ぐと繊維も強く、一本から取れる量ももちろん多いことから、その点は効率的である。

さて伊吹山のイブキについては語源説が五つもあるが、その一つが麻の山説である。イブキのイブは麻の意で、キは地域、場所をあらわすということになると、まさに麻の山ということになる。

事実、皮を剥いで繊維をとる植物、麻の仲間には、イラクサ、ミヤマイ

ミヤマイラクサ

ラクサ、ヤブマオ、カラムシ、アカソ、カナムグラ、ムカゴイラクサ、ラセイタソウなどがあり、シナノキ、フジ、ツヅラフジ、アオツヅラフジなどを加えると、まさに繊維植物は全山至るところといってよかろう。

話は少しそれるが、中国では後漢の頃、五穀の筆頭にあげられているのがこの麻である。麻の実は米十粒に値するとされ、事実栄養価も高い。実は食、皮は繊維、幹はオガラと呼んで草屋根葺きに、その葉は魔除けに用いられる。古くは乳児のおしめなどに麻柄模様がよく用いられたものであり、天狗の羽団扇も麻の葉型である。もちろん麻薬ともなれば周知の通りであろう。

もっとも麻はクワ科の植物。原産は中央アジア、古くから各地で栽培されたもようで、日本でも麻の栽培は神武天皇以来と文献によって知られている。しかしその麻が本来の麻なのか、イラクサやアカソなどを意味するのかどうかは、まだ明確ではない。

今日では、信州や石垣島では地方の繊維植物を利用した民芸織物の復活にとりくまれている。戦時中はアカソの繊維が一時供出の対象となっており、一方ではこの花穂が救荒食としてお粥に混入されたりしている。

さて麻薬ですでに証明されているように、これらはすべて薬用植物としてとりあげられている。解毒、鎮痛、解熱、止血などの薬効がほぼ共通している。

ウワバミソウ、ミズなど、山菜として知られるこれらも、イラクサの仲間に近い。一般にミズナなどと呼ばれる。ヘビが大きなカエルなどを飲み込んで苦しい時、これを食べることで一命をとりとめるといわれているが、果たしてどうだろうか。薬草辞典では解熱・解毒とあるからまんざらでもなさそうである。

武家屋敷に必ず植えられた

ジャノヒゲ

伊吹山ばかりでなく山野に自生するジャノヒゲは、アジア全土に分布する。近年庭園作りがさかんになり、どこの庭にもよくみかけられる。もっとも園芸用の改良種であるが……。

ユリ科の植物で、夏に淡紫色の小さい花をつける。ジャノヒゲの仲間にはオオバジャノヒゲ、ナガバジャノヒゲがある。まぎらわしいものにヤブランがある。ヤブランは花が下向き、ジャノヒゲの仲間は花が上向きに咲くので、すぐ見分けられる。

ジャノヒゲは、別名をリュウノヒゲ、タツノヒゲ、ずくだま、書帯草、沿階草、竜常草などたくさんの呼び名がある。古くから漢方薬の麦門冬として知られている。もっともこれはナカバノジャノヒゲらしい。

ジャノヒゲの根には、ところどころ根塊と呼ぶ瘤《こぶ》がみられる。これを乾燥して煎用される。薬効は幅広く、滋養、強壮をはじめ利尿、強心、肌の

ジャノヒゲ

美化、病後の衰弱回復などと記されている。
平成十二年、新年は十二支の第五、辰年である。辰は竜の年。まさに西暦二千年を迎えるにふさわしい。古語は「たち」で、神祇の意、竜の文字をあてる。家をたてる。立ちあがる。身を立てる。雲・霧が立つ。旅立つ。志を立てる。新しい世紀を迎えるにあたって世界平和の誓いを立てたいものである。
晩秋から初冬にかけて、ジャノヒゲはまぁるい小さな実をつける。種子が露出する植物は珍しい。オオバジャノヒゲの種子は宝石を思わせる紺青、ジャノヒゲの実はやや小さく緑青である。実をとって床などにぶつけるとボールのようによくはずむ。小さい実は篠竹を切って作る紙鉄砲の玉にすると、これがまたよく飛んだものである。
古いお屋敷などに伺うと、よくお庭にジャノヒゲがみられる。武家屋敷には必ずこれが植えられていたと伝えられる。剣が立つという縁起のものであったらしい。しかも特に刀傷の特効薬であったと語り継がれる。庭の樹木や草花からも古い家柄が偲ばれたりする。こんなことも植物民俗学ならではのおもしろさである。
俳句では、ジャノヒゲの花は夏、実は「竜の玉」と呼ばれて冬の季語にあげられている。

悲しみはいつもせつなしじゃのひげの　紫の玉　みつつ思へば
修

特産種が山頂付近に群がる

アザミ、タムラソウ

山には山の憂いあり、海には海の哀しみや

と、哀愁のこもった「アザミの歌」は、ふと何かの拍子に思い出し口ずさむ、無性になつかしい、私の愛唱歌の一つである。

アザミ（薊）は、山野至るところで出逢う野草で、しかも春から夏、秋いつでも見かけることのできるのがアザミの仲間である。「薊」の文字を調べてみると、音はケイで、葉にギザギザした切れ込みがあり、棘《とげ》が多いと辞典にある。

たしかに棘があって、さわれば痛いという印象があろうが、まったくトゲのないアザミの仲間もたくさんあることを知ってほしい。

伊吹山はアザミの山といわれるほど、この仲間が多い。イブキアザミ、イブキコアザミ、ミヤマコアザミ、コイブキアザミ、ヒメヤマアザミなど、

タムラソウ

特産種は山頂付近に群がって見られる。これも石灰岩地帯であることからしい。気を付けて見ると、なるほどその違いが確かめてもらえる。

棘のないアザミの仲間、タムラソウは登山道でも見られるが、特に山頂東側の草原の群生がみごとである。アザミとそっくりだが棘がなく、茎の上に大型の紅紫色の花をつける。日本、朝鮮、シベリアからヨーロッパに分布するという。一本の野草を介して遠い異国の空に想いを馳せるのもおもしろい。

アザミは平野部でも春早くから見られる。ノアザミは茎も細く、スマート。枝岐れしていくつも花をつける。ついでキツネアザミ、これもまっすぐに伸びて小さな花をつける。ノアザミは葉も切れ込みが深く、棘があるが、キツネアザミにはまったく棘がなく、白い生毛が見られる。

伊吹山を南限とするサワアザミは、大型で花も下向きに咲く。別名アイヌアザミ。若い葉と茎の部分を食用にする。近年、山菜、薬膳料理がよく知られ脚光をあびるようになったことから、特に姉川近辺の村々で古くから常食されてきたサワアザミが好んで用いられはじめた。大型で根茎は肉質、秋には大型の花を下向きに付ける。

よく「山ごぼう」などと呼ばれる山菜のお土産があるが、これはモリアザミの根で、ヤマゴボウという種はない。信州ではヤマゴボウ、岐阜では菊ごぼう、島根辺りでは三瓶ごぼうの名で通っている。

ところで、アザミの花言葉は「報復」。スコットランドの国花でもあり、王室の紋章とされている。

十世紀、マルカム一世のころ、デーン族が王城を夜襲した。敵の斥候《せっこう》の一人がアザミの棘に思わず「痛い！」と叫んだ。その声で城兵が気づき、まもなく敵を撤退させたという。国を救ったことから、報復の言葉がうまれたと伝えている。

アザミの好きな方はおいでになりませんか。どのアザミがお好きでしょうか。

群生地に蝶の大群が乱舞

ヒヨドリバナ

ヒヨドリバナ

秋も深まる頃になると、あちこちの路傍に見かけるヒヨドリバナの仲間は案外に多い。フジバカマもこの仲間で、ご存知のように秋の七草の一つだが、これは奈良時代に中国から帰化したものと伝えられる。葉は乾くとよい香りがするので、昔は香料に使ったといわれる。

伊吹山にはヨツバヒヨドリ、サワヒヨドリ、サケバヒヨドリなどがあるが、山裾の、あるいは街中の空き地の草むらの中ででも見かけることがある。

ヒヨドリはご存知のように、どこででも見かけられる野鳥。ことに春や秋になると群れを作って渡る様子を見かけることも珍しくはない。

近郊のお家なら庭先などにもこっそりやって来ているはずである。センリョウやマンリョウ、ナンテンなどの実をついばむ。どうやらヒヨドリは赤い実が好きらしい。

アサギマダラ

ところで、どうしてヒヨドリバナなのか判断に苦しむ。

ヒヨドリバナは、大型の多年草で茎が一～二メートルにもなる。花は白か淡い紫色。管が集まったような花だから、派手な花ではない。八月から十月頃、ヒヨドリがよく鳴く頃に咲くとのことで、この名がある。秋の七草にとりあげたのはサワヒヨドリではないかと、私は密かに考えている。

さて、今回ヒヨドリバナをとりあげたのは、伊吹山頂の北斜面、東廻り登山道近辺のヒヨドリバナの群生地一体に、たくさんのアサギマダラ（蝶）の大群が乱舞する姿を紹介したかったからである。

アサギマダラは日本の蝶の女王と呼ばれ、国蝶オオムラサキについで貴重な種で、しかも、大の旅行好きの蝶である。

五月の中頃だったたか、自宅の庭へ突然アザギマダラがやって来たのを目にした。

「どうしてこの季節に……」

ヒヨドリバナはまだ三、四十センチしか伸びていない。しばらくあたりを飛んで林の中に消えた。

八月初旬、伊吹山で偶然、布藤美之先生（滋賀県における蝶の権威）にお目にかかり、早速このことを伺ってみた。「ああ、それはきっとフィリピンから来たのでしょう。この春、二、三百頭が本州にやってきたようだから、その一頭でしょう」と。

去年の秋、フィリピンからやってきた蝶が高島郡で見つかったことが、新聞に報じられていた。マーキングをしたアサギマダラの発見だった。伊吹山のアサギマダラが北海道で発見されたこともあった。

なお、ヒヨドリバナも伊吹百草の一つ、花や葉は鎮静・発汗に用いるとされている。

マユミ

みごとな朱色の樹海

マユミ

十一月ともなると、山は急に色づきはじめる。日ごとに移り変わる山の色は、こたえられないほどの魅力があり、なぜか遠く過ぎ去ったさまざまのことなどを思いおこさせる。しみじみと山を眺めるのはこの頃がふさわしいことが唐詩にもみられる。

山頂に雪が来るようになると、その変化は急にピッチをあげる。蔵之内断崖の稜線、高屋の砦趾のあたりから山麓にかけて、アベマキやコナラ、ミズナラなどの落葉樹林の魅力もまた格別である。すっかり葉を落とした林の中には、錦の道が細々と続く。この落葉の道に立つとき、私はいつも利休の死を思うのである。

伊吹山のどこにでも見られるマユミは、三合目から四合目のあたりがすばらしい。淡い大粒のピンクの包皮がはじけて、中からまっ赤な実をのぞかせる。その一つ一つの実が可憐で美しい上に、これがむらがってぶら下がる。黄葉した朽葉が次々と落ちていくので、みごとな朱色の樹海がひろがる。

マユミは真弓で、中世にはこの木で弓を作ることが最良とされていたという。野球にも真弓選手がいるし、真弓さんという女性も多い。私の教え子の中にも聡明な真弓さんがいた。彼女はどこかで今も教師をしているはずである。

コマユミは花もうんと小型で、黒っぽい包皮がはじけると、まっ赤な実をみせる。ツリバナはマユミと似ているが、実の柄が長く、色はさほど鮮やかではない。ツルウメモドキは包皮の内側が黄色で赤い実がよく目立つ。まさにお祭りのようなにぎやかさである。

「ぬばたまの」は、夜、闇の枕詞《まくらことば》だが、ヌバタマは、ヒオウギの実である。漆黒のこの実は宝石のようである。ノイバラや少し大きくまっ赤なサルトリイバラの実は赤い実の代表であろう。小粒の紫色のムラサキシキブ、ヤブムラサキなどの実も捨てがたい。

伊吹の帰化植物

セイタカアワダチソウ

信長の薬草園説は多くの謎につつまれ、容易にその糸口もつかめない。しかし、何らかの理由でヨーロッパを原産地とするキバナノレンリソウやイブキノエンドウがやって来たとすると、やはりカブラルが薬草を移し植えたという伝説も無視できない。共に豆科の植物・牧草であり、薬草にまぎれこんで来た雑草であろう。同様、イブキカモジグサはイネ科のヨーロッパ原産種である。

石灰岩の岩場を好むヒメフウロウは、伊吹百草の筆頭に上げられる薬草で、ゲンノショウコの三倍の薬効といわれる。これもまたヨーロッパの原産。しかしなぜか薬草園とのかかわりはほとんど論じられていない。

外来の植物、それが野生化したものを帰化植物と呼んでいる。シロツメクサやムラサキツメクサは、中世の頃輸入されたガラス製品が壊れないように用いられた詰草。その種が落ちて野生化して全国に広がったという。

帰化植物の定義は案外むつかしい。キュウリも大根もカボチャも米も、帰化植物ということになるとお手上げとなる。ダリヤ、コスモス、ヒメジョオンなどは、さすがバタ臭いといわれよう。グンバイナズナ、ノゲイトウ、キショウブなどは帰化植物とは考えられない。

日本人はどうも外来文化をやたら珍重するかと思うと、逆に容易に受け入れず、認めようとしない、妙なところがある。要は、一般に理解が浅く、自己中心的だといわれてもしかたがあるまい。

植物もまた時代にふさわしい変化を見せている。特に戦後驚くばかりの外来種が増加した。セイタカアワダチソウ、アメリカセンダングサ、セイヨウタンポポ、ヘラオバコ、ブタクサなど、山麓を含めると五十種をも超える。

ヨーロッパ、南北アメリカの原産種が多く、オーストラリアなどの原産がなぜか少ない。コニシキソウと聞いて、ハワイの出身かと尋ねられたが、これは北アメリカの原産。大相撲の話と混同されるのもおもしろい。

日本種もまた海外では大いに暴れている。ヨーロッパ全土に広がりつつあるというイタドリは、舗装路を破壊するとして嫌われている。アメリカ大陸ではクズが猛威を振るっており、全土を圧巻する日も近いと恐れられている。日米摩擦の根が、案外こんなところにあるのかもしれない。第一クズということばは、うっかりすると差別問題を起こしかねない。

一方、中国内陸部の砂漠地帯の緑化に大きく貢献しているのもクズである。南方途上国の森林伐採地の復元には、このクズに期待がよせられているという。またこのクズの根の澱粉は、食糧としても貴重であり、戦時中、日本人は大いにお世話になったはずである。

日本人は感情が細かく豊かだが、ヨーロッパやアメリカ人はだめだと、日本優越論を戦時中よく聞かされた。戦後列島改造が各地で進められ、ケンタッキー34・35・36号などと呼ぶ法面《のり》に植える雑草が輸入された。各地に見られる細い緑の草である。これはヨーロッパの原産。その名を直訳すると、「オトメノヨルノススリナキノクサ」である。日本人がいかにひとりよがりであったか、さらに戦後日本人の心がいかに貧しくなったかを、このひとことが物語りはしないか。

野の草の音

さやさやと振れば小さき音たてて
幼き日など思いいずるも

それぞれに小さき鳥のかたちして
ふればさやかに音たてて啼《な》く

道ばたのペンペン草、ナズナは小さな三味線の撥《ばち》のような実をたくさんつけるので、振ると小さな音をたてます。ヒメコバンソウは小判型の実をたくさんぶらさげ、これはかわいた音をたてるのです。

季節は遡りますが、ササユリやユウスゲは花を開くときに小さな音をたてます。草原にたたずんで蕾《つぼみ》の開く音に耳をすますなど、いかにもロマンチックでしょう。一般にユリ科の植物に多いということで、この音をきくと幸せになるといった話がたしか『遠野物語』の中にあったように思います。

中学になるまで「シービービー」の本名がカラスノエンドウだとは知りませんでした。豆の莢《さや》を開いて種を出し、片一方の端を噛んでちぎればいいのです。タンポポもよく鳴ります。ススキは葉柄の部分を気をつけてはずします。ササの葉を半分に裂いて、一方を端から巻いて細い管を作って一方から吹きます。

草笛でいいのは麦笛です。若い頃だったと思いますが『麦秋《ばくしゅう》』（小津安二郎監督）という映画があってずいぶん心をひかれました。麦畑の土手に腰掛けて「野ばら」のメロディーをよく吹いたものでした。こんなことを話すと、いい年をしてとよく笑われるのですが。

花のすんだあとのヒルガオをとって先をつまんでふくらませる「ポン」。クズの葉やフキの葉を軽く握った手の上にのせて叩くと、音をたてて破れます。これを「パッチン」といいました。これでもいい音、大きい音を出すためには、けっこう工夫がいるのです。

草ホウズキの実は、ていねいに取り出さなければなりません。このキュワキュワという音もまた、だれもが思い出せましょう。

野草の音を楽しむ。童心に帰ってそんな山登りを楽しんでみてはいかがでしょう。秋は落葉を踏む。冬はまた木立に耳をつけて大木の声を聞くなど、自然界の音を楽しむことは案外贅沢なことかもしれません。

小鳥と野草

赤い鳥小鳥　なぜなぜ赤い　赤い実を食べた

これは北原白秋の歌です。小鳥にもやはり好みの色があるのでしょうか。たしかに赤い実をはじめ、青、白、黄など、木の実、草の実にもいろいろあり、それぞれ好みの色の実を食べるのは、どうやら事実のようです。

トリトマラズは、伊吹山の代表的な低木で、ことに山頂付近の草原にはたくさん見られます。うっかりさわったりすると、その鋭い棘で傷つきます。トリトマラズ、コトリトマラズといいますから、鳥がこないのかというと、決してそうではなく、赤い小さな実は小鳥たちの好物なのです。小鳥も痛かろうという思いやりからの命名でしょうか。

奥伊吹には鳥越峠があり、浅井町高山から金糞岳《かなくそ》への登山道が通じていて、尊勝寺（浅井町西部にある大字）の山脇新九郎が私財を投じてこの峠

ヨシバヒヨドリ

道を開いたと伝えられます。渡り鳥の群が通る道筋にあたることから、古くからこの名があったようです。峠の近辺はみごとなブナ林で、春になるときびしい渓谷には、オオバキスミレが黄色の花を咲かせ、小鳥が多いことでも知られます。

鳥にあやかる伊吹山の植物には、イブキトリカブトをはじめ、トリアシショウマ、ヒヨドリバナ、ヒヨドリジョウゴなどがあり、山麓にはカラスノエンドウ、スズメノカタビラなど、カラスやスズメをつけたものが目立ちます。カモメズル、チドリノキなど水鳥も見えて、野草への親しみも生まれましょう。

ヒヨドリジョウゴも真っ赤な実をつけます。ナス科のツル性の雑草で、白い五弁の花をつけ、花弁が返りかえっています。毒草の仲間としていて食べませんが、透き通るようなきれいな実をたくさんつけます。ヒヨドリがこれを好んで食べ、酔っぱらったようになるというのです。ヒヨドリも、たまには一杯ひっかけて、いい気持ちになるのかもしれません。

ヒヨドリバナは、フジバカマの仲間で、なかでもヨツバヒヨドリは秋にさきがけて咲きはじめます。山地に近い所では道路脇などによく見かけます。ヒヨドリは庭先などによくやって来る中型の鳥で、ヒョヒョーという声もよく知られ、焼き鳥などになって屋台に並べられたりします。ヒヨドリバナの咲く頃にやって来るように思いますが、これは留鳥ですから年中いるのです。

オトコエシ、オミナエシ、フジバカマなどもこの仲間ですが、フジバカマは秋の七草にもとりあげられています。紫がかった花の美しさは、むしろヒヨドリバナの方が、と思うのですが。フジバカマは中国の原産といわれ、蘭草、香草、香水蘭などと記され、芳香があることからかもしれません。

伊吹の里のお酒

酒は百薬の長といわれ、縄文の時代からすでに用いられていたのではないかといわれています。もっとも酒を飲むことによって神と一体となる、神の意を体することが目的だったとも考えられているようです。

伊吹山といえば伊吹弥三郎、酒呑童子ですが、いずれも酒豪であったことが伝えられています。ところでいったいどんな酒を飲んでいたのでしょうか。実は伊吹百草と広く呼ばれている草木の中に、案外たくさんのお酒になる植物があるのです。

ヤマザクラの花が散ってしばらくすると、野山のあちこちの林の中に、白い穂のような花をたくさんつけるのが、ウワミズザクラです。枝を折ってみると特有の匂いがあります。

夏になると赤褐色のとてもきれいな小さい実をいっぱいつけるので、花が咲いているのかと驚かされます。この実は果実酒のトップクラスです。

春の野草にまじって赤い花をつけるボケは、山ぎわの土手などでよく見かけます。秋になるとまるいクルミ大の青い実をつけるので、よくご存じのはずです。クサボケは大きくなりません。果実酒は梅酒を作る要領でよいのでごく簡単ですが、皮が堅いので割って使うのがよいようです。

夏の山あいなどでは白い花かと見まちがえるほど、葉の半分があるいは全部が白くなったマタタビに出逢います。つる性の植物で、古くから知られていて文献にも見られます。

倒れた馬がこれを食べて立ち上がったとか、旅人が助けられたとかいう伝説の植物です。強精酒として今日でもマタタビ酒が珍重されています。また猫の好物で、山でとって来て庭にでもおけば、近所の猫が集まって来ます。

シュンランは、俗にヤマシゲとも呼ばれます。花と花軸を一緒に塩漬けして、お祝いの茶としても使いますが、お酒としては高級の部に属します。

アマドコロ、ナルコユリ、イカリソウなど、強壮薬用酒としてあげられるものは二十種にものぼりましょう。ヤマブドウの実は食べておいしく、お酒には最適ですが、これは実に酵素が含まれていて自然発酵するので、製造が禁止されています。ノブドウは実が堅く食べられません。

岩肌に咲きほこる

リュウノウギク

十一月の声を聞くと、山はもう初冬の季節である。冷たい霧雨にぬれることも、時には粉雪が舞うことも珍しくない。あれほどみごとに咲き競っていたお花畑もすっかり姿を消して、冬の粧いをととのえる。夏草に掩われていた岩場も、厳しい表情の岩肌をあちこちに見せはじめる。これが伊吹の素顔なのかもしれない。そんな石灰岩の岩肌に咲きほこるのがリュウノウギクである。花の大きさはわずか二、三センチ、純白な花びらと花の薄黄色の調和もみごとで、可憐というより、むしろ高貴さを感じさせる。

菊といえば近年全国的なブームで、大輪の色鮮かな容姿を思い浮かべる人が多かろうが、リュウノウギクはまさに野生そのもので、楚々とした風情が実に魅惑的である。

リュウノウギクは伊吹百草中の代表的な野草の一つで、ノギク、ヤマギ

リュウノウギク

クなどと呼ばれて古くから薬草として珍重されて来ている。ことに独特な菊の香りは、山の霊気をも感じさせる。何かふさわしい呼び名がなかったかとさがし歩いたが、これは徒労に終った。しかし「山菊」などという平凡な呼び名の中に、かえって素朴な親しみを感じはじめた。

リュウノウギクは菊の原種だといわれる。同種のものに野路菊があるが、伊吹山のものはあきらかに別種とは牧野富太郎氏の説である。今日の大輪菊は中国からの渡来とされるが、もともと日本の野路菊が中国に渡り、改良されて再び渡来したものとするのが今日の通説である。菊のキクは音か訓か、中国でもキクなのである。

菊は古事記などによると「クク」であったといわれる。小さな花をしめくくる、「くくり」ということからククの語が生まれたようである。菊花は平安の末期御鳥羽帝の頃天皇家の御紋章となったといわれるが、本来ククルは統一、統御などの意味をもつことからとりあげられたものであるのかもしれない。リュウノウギクの花弁がほぼ十六枚であることもおもしろい。

九月九日は重陽《ちょうよう》の節句、上田秋成の「菊花の契り」をまつまでもなく霊的なものを古くから感じていたのかもしれない。菊の宴には酒盃に菊花を浮かべることを紫式部もとりあげている。庭の菊の花の上に綿を載せ、翌朝露にぬれたもので顔や体を拭くと長生きが出来るとされ、「菊のきせわた」の語がある。

菊が長寿の象徴であり、死者との魂の交流の花とされていることもみのがせない。

菊といえば豪華な大輪菊を連想しやすい今日、今一度伊吹山頂の岩場にゆらぐリュウノウギクの姿に目をむけるべきではなかろうか。

初冬に生き生きして見える　ビワ

晩秋から初冬の頃になると、ビワ（枇杷）の花が咲きはじめます。枝先に褐色の柔毛に包まれた円錐状の小さな花の集まりです。黄色の小さな花、近づいてみると、この香りがまたうれしいのです。

すべての樹木が紅や黄に色づいてやがて散っていってしまうのに、不思議にビワはこの季節になって生き生きして見えるのです。

伊吹山にも原種に近い自然種があると聞いたことがあるのですが、残念ながら見つけたことはありません。

ビワは中国、日本南部の原産で、もともと温暖な気候を好む植物ですが、福井県や佐渡島には自生種が見られ、岩手県を北限とするようですから、伊吹山で発見することも夢ではないことになりましょう。

日本では古くから知られ、薬用として利用したもようです。『本草和名』（九一八）には「比波」と記されていて、正倉院の御物にも残されているようですが、これは中国から移し植えたもののようです。民間薬として利尿、健胃、清涼剤として古くから利用されていたもようで、風呂に入れると肌をなめらかにすると伝えられています。

ビワの語源は、中国宋の時代に、葉の形が琵琶に似ていることからおこったもので、今日でも中国ではこの葉を「無憂扇」と呼んでいるようです。

京極高清の上平寺城跡、その山麓御館跡の残る伊吹町（現、米原市）上平寺の集落。加賀白山の泰澄《たいちょう》が開いたという上平寺の名残りを留める杉本坊は、今日では村の集会所を兼ねていますが、この境内のビワの大木は、今年は珍しくたくさんの花をつけました。

一説によると、仏教の伝来と共に日本に伝えられたといわれ、ことに修験の行者の精神統一剤であったとも聞きます。

寺院や仏壇の彫刻、ことに香炉台などには、よくビワの彫り物を見かけます。

寺院集落などの調査では、ビワやナツメの古木があったりすると、まず間違いなく寺坊跡と見られることから、山岳仏教との深い関わりに心をときめかせるのです。

いっこうに目立つ花ではありませんが、初冬の日だまりの中で、もの寂しく、しかも不思議とも思える香をきかせるビワの花の情緒は、すてがたいものでしょう。

さきにあげましたが、中国の「無憂扇」にあらためて思いを馳せるのです。

蕾ふくらむ頃はウサギ狩り

ダンコウバイ

山の神の祭りが終わると、村里には漸く春の訪れが近いという気配が動きはじめる。

山の神の祭りの日には、ウサギが木々の種を播いて歩くので、村人は山に入らない。

ダンコウバイ（檀香梅）のまあるい赤褐色の蕾が、日ごとにふくらみはじめるのも、この頃からである。

山はまだ深い雪の中であるが、木々のまわりは雪がとけて凹みが出来、中には木の根もとに小さく地肌を見せたりする。

よく晴れた日の朝は積もった雪の上を、どこまでも歩くことができる。山男たちはそんな雪原の上で、久々の童心にかえるのである。

こんな山の朝はウサギ狩りのチャンスである。ウサギは人かげを見るとすぐに逃げる。どういうわけか、さほど遠くまでは走り去らない。すぐ立

ダンコウバイ

ち止まって、妙にこちらを眺めたりする。用意の棒切れをすばやくウサギの行く手に投げる。驚いたウサギはヒョイと立ち上がる。そこでもう一本を投げる。ウサギはあわてて立木の雪穴にとび込む。そこに下草でも見えていようものなら、ウサギはさっそく草の芽を食べはじめる。チャンスは今である。そっと立木のそばに走りより、なんなく雪穴のウサギをつかまえる。

囲炉裏の上には天井から吊るしたアマ(天井から吊るした乾燥用の木枠)が真っ黒ににぶく光っていた。どこの家でも一匹や二匹の肉の塊がいぶされて下げられていた。

こんな風景はもうどこへ行っても見られないが、雪の山の風景はかわることなく、木々の芽は確実にふくらみを増し、梢はけぶりはじめるのである。

山国では「ちゃの木」と呼ばれるダンコウバイは、シロモジやクロモジにさきがけて咲きはじめる。マンサクのように地味ではなく、山肌を黄色に彩る。

師走の声を聞く頃には、正月用の華として出荷される。新穂峠の向こうの美濃の村々では、今日もなお出荷が続いている。

炭焼きには欠かせないこのダンコウバイは、弾力性にとんでいること、手ざわりが柔らかいことから炭俵のあて柴に使われる。細い枝の光沢は炭俵の気品を高めてくれるのである。

晩秋の山の彩りに一段と趣をそえるのもこのダンコウバイである。これらはいずれも黄葉である。万葉など古代の人々ははっきり紅葉と黄葉を区別しているが、こうした木々の特性を心にくいまでにみつめていたことを知って、まさに驚き、かつ自然への畏敬の念のこまやかさに心うたれるのである。

本書は、地域情報誌『みーな』（長浜みーな協会発行）に創刊時（平成元年七月）から連載してきた「伊吹百草」を季節別に再構成し、一部加筆修正を加えたものである。

口絵および本文の写真は、一部著者撮影分を除き、米原市教育委員会よりご提供いただいた。

■著者略歴

福永　円澄（ふくなが　えんちょう）

大正13年(1924)坂田郡春照《すいじょう》村（現・米原市）に生まれる。

滋賀師範学校卒業後、長浜南郷里小学校に新任。教職のかたわら県下の民俗調査などに取り組む。

戦時下となり、東京立川航空隊に入隊、射撃手の訓練を受ける。ソ連の参戦によって秋田県能代に移動し、翌日出撃の命が下されたところで終戦となる。

復員後、柏原小学校に戻るが、昭和23年（1948）、大津市の近江学園に入所し、園長糸賀一雄らの下で障害児教育に取り組む。

母が倒れたため郷里に戻り、教職に復帰。浅井北小学校校長を最後に退職。

昭和52年(1977)より文化財専門委員として伊吹町の文化財保護に努める。

昭和62年(1987)より、伊吹町史編さん室長。歴史・民俗文化・自然の各種調査を進める。平成24年(2012)没。

伊吹山文化資料館（平成10年に開館）整備にあたって尽力。

膽吹山光了寺《いぶきさんこうりょうじ》住職。

伊吹百草《いぶきひゃくそう》　　淡海《おうみ》文庫32

2005年6月25日　初版1刷発行
2023年8月20日　初版2刷発行

企　画／淡海《おうみ》文化を育てる会

著　者／福　永　円　澄

発行者／岩　根　順　子

発行所／サンライズ出版
滋賀県彦根市鳥居本町655-1
☎ 0749-22-0627　〒 522-0004

印　刷／サンライズ出版株式会社

ISBN9784-88325-148-9 C0045

淡海《おうみ》文庫について

「近江」とは大和の都に近い大きな淡水の海という意味の「近（ちかつ）淡海」から転化したもので、その名称は「古事記」にみられます。今、私たちの住むこの土地の文化を語るとき、「近江」でなく、「淡海」の文化を考えようとする機運があります。

これは、まさに滋賀の熱きメッセージを自分の言葉で語りかけようとするものであると思います。

豊かな自然の中での生活、先人たちが築いてきた質の高い伝統や文化を、今の時代に生きるわたしたちの言葉で語り、新しい価値を生み出し、次の世代へ引き継いでいくことを目指し、感動を形に、そして、さらに新たな感動を創りだしていくことを目的として「淡海文庫」の刊行を企画しました。

自然の恵みに感謝し、築き上げられてきた歴史や伝統文化をみつめつつ、今日の湖国を考え、新しい明日の文化を創るための展開が生まれることを願って一冊一冊を丹念に編んでいきたいと思います。

一九九四年四月一日